U0351902

古今中外

透析软装设计
六 大 要 素

DESIGNS IN CLASSICAL AND MODERN & CHINESE AND WESTERN STYLE

DIALYZING SIX KEY ELEMENTS OF SOFT DECORATION DESIGN

深圳视界文化传播有限公司 编

江苏科学技术出版社

CLASSICAL
MANSION
古典豪宅

MODERN
MANSION

现代豪宅

CHINESE-STYLE
NON-HOME DECORATION
中式工装

WESTERN-STYLE
NON-HOME DECORATION
西式工装

图书在版编目（CIP）数据

古今中外 : 透析软装设计六大要素 / 深圳视界文化传播有限公司编. -- 南京 : 江苏科学技术出版社, 2013.9

ISBN 978-7-5537-1802-6

Ⅰ. ①古… Ⅱ. ①深… Ⅲ. ①室内装饰设计－研究 Ⅳ. ①TU238

中国版本图书馆CIP数据核字(2013)第191447号

古今中外——透析软装设计六大要素

编　　者	深圳视界文化传播有限公司
责任编辑	刘屹立
特约编辑	林　溪
责任监制	刘　钧

出版发行	凤凰出版传媒股份有限公司 江苏科学技术出版社
出版社地址	南京市湖南路1号A楼，邮编：210009
出版社网址	http://www.pspress.cn
总　经　销	天津凤凰空间文化传媒有限公司
总经销网址	http://www.ifengspace.cn
经　　销	全国新华书店
印　　刷	深圳市新视线印务有限公司

开　　本	889 mm×1 194 mm　1/8
印　　张	49
字　　数	314 000
版　　次	2013年9月第1版
版　　次	2013年9月第1次印刷

标准书号	ISBN 978-7-5537-1802-6
定　　价	880.00元（精）

图书如有印装质量问题，可随时向销售部调换（电话：022-87893668）。

preface 前言

Endow Design with Expression and Grant Space with Soul
赋神采于设计，予空间以灵魂

软装艺术发源于现代欧洲，兴起于20世纪20年代，又称为“装饰派艺术”，随着历史的发展和社会的不断进步，在新技术蓬勃发展的背景下，人们的审美意识普遍觉醒，装饰意识也日益增强。对这一起源于欧洲、风靡于整个世界的装饰理念，中国人了解的时间并不长。

软装设计虽然是一个新兴的行业，但也有着巨大的市场，前景十分广阔。如果说硬装筑就了室内空间的基本架构，那么软装则赋予空间丰满的灵魂，如同人的生命一般尽显鲜活的姿态。每个空间因不同的主人而具有自身的格调，空间亦是居住者品位与个性的代言人，而“软装”则又好像一个个符号，语言和故事传达着我们自身及生活的由外而内的需求和素养。伴随着现代人审美价值观的提升，“软装饰”正以强劲的势头进入我们的生活，好像画家手中的画笔，以其涂抹的丰富色彩、画面内容，创造出或温馨而时尚、或典雅而华贵、或怀旧而复古的空间面貌，为室内空间带来丰富绚烂的表情，并滋润爱着我们的每一寸生活。

对于软装设计行业，一方面是人们对软装艺术日益重视与需求，前景大好，另一方面则由于国内软装设计行业起步晚，发展还处于初级阶段，对市场认识不清晰，同时又缺少陈设软装设计与空间整体设计概念。双重因素对空间设计师及配饰设计师提出了更高的要求，只有不断地提高软装设计的整体行业水准，才能打造出更为满足现代人生活需求的室内空间。

鉴于此，《古今中外——透析室内软装设计六大要素》便应运而生，旨在为广大设计师在软装设计方面提供参考性价值。“古今中外”，顾名思义，囊括了时间的深度与空间的广度，我们希望以如此恢宏的时空概念为线索，贯穿全书始终，在书中呈现家装方面的“古典风格软装”、“现代风格软装”和工装方面的“中式风格软装”、“西式风格软装”，宏观气度一如每个精彩绝伦的空间一样让人意欲探索；同时我们也以专业的视角，从细处落笔，从微观角度来阐释软装设计精髓的六大要素，即从“元素搭配”、“色彩搭配”、“家具配置”、“布艺软装饰”、“灯具及灯光效果”、“装饰艺术品”分析各设计案例的独到之处。

不管是总体表现古典风格的厚重复古与雍容华贵，还是现代风格的奢华时尚，“中式风格”的庄重典雅，抑或是“西式风格”的大胆尝试和潮流引领，本书中每个设计案例都可见设计师通过对这六大要素灵活的把握与运用，营造出不一样的空间情境与面貌。所谓“软装”，也许就是一种布景与陈设的艺术，将空间的灵魂通过外在多姿的物象间艺术化的组合传达而出，具有浑然天成的美感。

《古今中外——透析室内软装设计六大要素》无论是宏观的思考与策划，还是设计案例的图文展现与分析，都堪称一部可供参考的精品书籍。我们希望本书如每个因软装设计而丰厚、充实的案例本身一样，具有有血有肉的温暖与气魄，同样也有它的精神所在，为设计师提供有意义的参考性见解。“古今中外”，愿能“名不虚传”，让我们从本书对空间装饰艺术的剖析中“览尽岁月风华，纵享多娇江山”。

Contents 目录

古典豪宅 CLASSICAL MANSION

现代豪宅 MODERN MANSION

中 中式工装 CHINESE-STYLE NON-HOME DECORATION

外 西式工装 WESTERN-STYLE NON-HOME DECORATION

古

古典豪宅

CLASSICAL

MANSION

Recalling Times in Old Shanghai
回味老上海时光

项目名称：波特曼建业里样板间
项目面积：408 m²
项目地点：上海
设计公司：香港无间设计
设计总监：吴滨
软装设计：洪弃敏
室内设计：胡兢春
软装配置：W+S世尊软装机构
摄 影 师：何爱

Portman House is the project about the renovation of Shikumen building in old Shanghai, therefore, what the overall design style highlights is the Chinese old Shanghai style. In order to make guests feel at home, the lobby as a whole is designed into the layout of living room. In the centre of living room, there arranges a lounge for resting. In the background, the images full of various changes and Chinese meaning played by projector equipment make the whole space show dynamic in static. The design of living room is adopted with sharp contrasting technique of black and white. The ceiling takes white empty frame as the decoration. The suspended ceiling retains the original natural wood color of Shanghai old building, which is undoubtedly the interpretation and inheritance of vicissitudes and sense of history for old Shanghai. The living room with the elegant furniture configuration as well as the color matching creates a kind of tranquility in time; while the dining room presents the great beauty of Chinese traditional culture through specific Chinese traditional cultural images; all indicate the cultivation and taste of the homeowner.

Portman House是一个关于老上海石库门建筑改造的项目，因此整体设计风格彰显中式老上海风情。为传递给客人宾至如归的感受，大堂整体设计为一个客厅的布局形式。在客厅的中央，布置了可供休憩的沙发。在背景处，通过投影设备播放着充满无限变化且具有中国意境的图案，使整个空间静中有动。客厅的设计中运用了鲜明的黑白对比手法，顶棚将白色的空镜框作为修饰，吊顶则保留上海老建筑原有的自然原木色，无疑是对老上海沧桑感和历史感的一种诠释与传承。客厅通过素雅的家具配置及色彩搭配，凝练出一种时光中的静谧感；而餐厅处则透过中式特有的文化意象展现中国传统文化之大美，无不彰显出居者的修养与品位。

ELEMENT COLLOCATING
元素搭配

本案有一个特殊的背景，其属于老上海石库门建筑改造项目，“石库门”作为近代上海的重要住宅建筑，既是近代中西方建筑文化交流的见证，也是宝贵的城市人文遗产。因此设计的整体风格意在凸显“老上海风情”，提及“老上海”，浓郁的中式传统韵味自是不可或缺的，而那个时代的上海又深受西方文化的影响，于是“老上海风情”中又沾染了些许时尚的“洋气”。因此在设计中，重点借由中国传统文化元素如中国的图腾、吉祥物、植物、刺绣、中式意味的家具及装饰画等来营造“老上海”的本土文化氛围，同时又在空间中融入一些较为现代的元素，如客厅处的家具线条便带有一些西式家具的魅影。

色彩搭配 COLOR MATCHING

客厅的整体色彩搭配较为雅致，无论是背景墙、天花板还是家具的色彩，都没有明显的深浅对比，只是黑色的窗帘、茶几较为显眼，但依然不影响整体空间的淡雅。而过渡到餐厅，黑色与墨绿色搭配的餐桌与餐椅颇为引人注目，墨绿色在黑色的映衬之下脱颖而出，其清雅与芬芳、沉静与智慧的寓意正如中式文化中所沉淀下来的美的特质一样。梅花图案的装饰画中，淡褐色背景极具一种时光流逝的怀旧之感，餐厅处中国传统文化的意境被彰显得淋漓尽致。而两个卧室的色彩搭配，一个重点借助黑色与中式图腾、吉祥物的搭配彰显华贵之感，而另一个则于整体淡雅的色彩中点缀蓝色图案，透出几分灵动。

家具配置 FURNITURE CONFIGURATION

客厅中的沙发与椅子、茶几以其新颖的材质、简约的线条将“老上海建筑风格”中所受西方文化影响体现出的“新潮感”表达出来，是一种元素融合、提炼后的产物。而餐厅处的餐椅则明显带有传统中式文化的色彩，但是亦以简约的线条勾勒，而材质也极具时尚、新颖的质感，以经典黑色铺陈的长餐桌，以圆滑的线条勾勒，更彰显出现代人时尚的审美取向。所谓“老上海风情”无非是将传统中式的文化意象以较新的材质和手法向世人表达出来。

Creating Simple-European Home Life
缔造简欧的家生活

项目名称：西安荣禾曲池东岸B2户型
项目面积：268 m²
项目地点：陕西西安
设计公司：香港郑树芬设计事务所
设 计 师：郑树芬、杜恒
摄影公司：水手摄影

This house is a big house with Simple-European style. The male homeowner is a successful entrepreneur, who is fond of collecting red wine, and the female homeowner runs a café, and their son is studying in high school. During important holidays, their parents would visit them and live here occasionally. This house adjoins cold kiln love-themed Park, with several minutes' drive from the Tang Paradise and Giant Wild Goose Pagoda, which is far away from the hustle and bustle of city. Therefore, this house not only provides homeowners with quietness and relaxation but also has wide roads extending in all directions surrounding. In addition, with ancient buildings surrounding, this house appears more historic. It is mainly adopted with light colors which are simple and beautiful, enabling people to feel the tranquil and nice life. The walls, furnishing cabinets and cupboards are designed into white, showing the homeowner's love for elegant life. The mirror in bathroom is also adopted with light colors, which is simple and elegant, having abandoned complex decoration and making home life tend to modern simplicity, thus enabling the homeowners to enjoy beautiful life in this ingenious environment.

此房为一套简欧的大户型，男主人是成功的企业家，喜欢收藏红酒，女主人有自己经营的一家咖啡馆，儿子上高中，父母逢重大节假日偶尔来住一下。房子紧邻寒窑爱情主题公园，离大唐芙蓉园及大雁塔仅仅十几分钟的车程，远离市中心的喧嚣与浮躁，给人带来安静与放松，同时周边四通八达、道路宽阔，古老建筑的环绕使得这里更具历史韵味。这套房以浅色系为主，简约、唯美，让人能感受到恬淡、美好的生活。设计师将墙壁、陈设柜、橱柜全部设计成白色，流露出业主对于典雅生活的钟爱之情。洗浴室镜子也采用了浅色系，简单、雅致，摒弃了繁复的装饰，让家居生活更趋向现代化的简约，让业主在妙不可言的环境中享受美好人生。

ELEMENT COLLOCATING
元素搭配

设计师在客厅处采用了浓郁的个人风格，鲜明的设计语汇相互牵制与抗衡，为优雅、舒适的空间制造出视觉冲击。草绿色的暗印花沙发，简洁而流畅的线条，简易壁炉及背景墙搭配抽象派油画，以最自然而真实的语言诉说着业主对品质生活的追求。在设计上注重中西文化的结合，简欧的沙发搭配回形几何图形的淡绿色地毯，大方、合宜。主卧将欧式与现代简约相融合，印象派的地毯与棕色木纹地板交相辉映，其中跳跃的红色抱枕与红色水晶吊灯成为点睛之笔，天然而和谐。主卧的卫浴间也贯穿了高雅的元素，偌大的浴缸两面都是浅色的玻璃镜，让人沉浸在“浑然一体、物我两忘”的精神境界里。老人房采用了双人床，白色的陈设柜里摆放着精美的瓷器，彰显出了业主不俗的生活品位，棕色的木地板散发出浓郁的自然气息。在这个简约的空间里，一切都是那么典雅而唯美。

家具配置 FURNITURE CONFIGURATION

从家具的选配中流露出业主不喜束缚的个性和雅致的生活品位。室内全部选用了简欧风格的布艺沙发，舒适而有气质。客厅和休闲区的大落地玻璃窗，将庭院的绿色景致引入室内，阳光可透过树枝的疏影洒在懒洋洋的布艺沙发上，洋溢着温馨的气息。欧式拉扣式的沙发搭配条纹座椅和绒布座椅，貌似风格各异，其实并不突兀，反而散发着时尚的气息，更显得和谐一体。白色的柜体清新、素雅，点亮了整体空间的色彩，营造出温馨、优雅的氛围。棕色的树枝印花地毯彰显出业主渊博的知识与高雅内涵。木质的欧式小圆桌显得优雅而温馨，餐椅布料上米白的色彩和格子图案，与墙上抽象的挂画相映成趣。

灯具的选择与灯光效果

CHOICE OF LAMP & LIGHTING EFFECT

灯光不仅可以带来光明，而且是调节光线和氛围的魔法师。设计师选取了款式各异的水晶灯，彰显华贵品质。客厅壁炉背景墙配上的两盏铁艺结构水晶吊灯彰显出业主独特的品位和追求。餐厅的设计简约而典雅，壁灯搭配圆盘大吊灯极具高雅、优美的贵族感，赋予其浓郁的艺术气息。客厅与餐厅相连，并选用了同样的吊灯，着意营造会客的温和氛围。主卧选用红色的水晶吊灯，跳跃的色彩与抱枕、地毯印花交相辉映，雍容华贵。此外，主卧的卫浴中两盏水晶壁灯在两边镜子的反射下，闪耀着璀璨的光芒。

装饰艺术品 DECORATIVE ARTWORK

设计师在这里用时尚的手法重新演绎欧式风格。客厅壁炉上悬挂着一幅抽象派油画，浓重的色彩与娇艳的百合、草绿的沙发共同营造出优雅的空间氛围。那些大大小小、高高低低泛着温润光泽的花器分布在各个角落，精致而繁复的雕花栩栩如生，让人忍不住想上前触摸，其中承载着或娇媚或高洁或沉静的各色鲜花，细腻而奢华，在明快的空间中洋溢。在饰品的选择上，同样以品质彰显尊贵，铜座的马头、黑铁锻造的缝纫机时钟、青花瓷杯盏……无不散发着浑厚、稳重的气息。

Combination of Chinese and Western Style – Mixed Creation
中西合璧，混搭创新

项目名称：常州九龙仓国宾一号样板房
项目面积：209 m²
项目地点：江苏常州
设计公司：上海乐尚装饰设计工程有限公司

The living room is the main place for receiving guests and family activities. The layout of two sets of double sofa makes the living room well-filled and ample. The main color blue is the spirit color of this set of show flat (deep blue), when matched with the natural leather with coarse texture and handmade woolen products, it is the habitat for returning to tranquility that people desire. The dining room has a roundtable for six people, and when night falls, the whole family will get together to have a reunion dinner, with the matching of the copper circular ceiling of dining room, rough texture of tableware; all exist together harmoniously. The kitchen is also an important functional space, and it's equipped with both Chinese kitchen and Western kitchen. Besides, the well-decorated living conditions make the female homeowner's cuisine life become diversified. The decoration of soft curtain helps softened the overall feeling of the kitchen.

客厅是接待客人和家人活动的主要场所，两组双人沙发的配置，让客厅饱满而丰富。蓝色的主调，是我们这套样板房的精神色（深邃的蓝），搭配粗肌理的天然皮革及手工羊毛制品，是人们渴望归于宁静的栖息之地的象征。餐厅是6人位的圆桌，夜幕降临，一家人团聚共同用餐，天花板上的铜质圆形餐厅吊顶和肌理粗糙的餐盘餐具，和谐地搭配在一起。厨房也是一个重要的功能空间，它同时配置了中厨和西厨，精装修生活的细致考虑，让女主人的美食生活多样化。柔软的窗帘柔化了厨房的整体空间感。

ELEMENT COLLOCATING
元素搭配

本案是一套富于梦想的居家样板空间，设计师在这里将梦想具体化，装点在空间里，充分享受梦想的乐趣与美好。设计师将业主的航海梦和对大海的喜爱融入空间，蓝色的主调、随处可见的帆船模型、有些久远的航海地图、可远行的旅行箱、复古的钟表等，尽显质朴、华美且活泼、温馨的家居情调。书房里，旅行箱造型的书桌和书架别具特色，墙上的航海地图和书架上的航海古籍体现出业主对于航海的潜心研究，就连雪茄盒上都绘制着世界地图。

VEDUTE DELLA CITTA

VEDUTE DELLA CITTA IDEALE

PATTERSON

PHILADELPHIA

灯具的选择与灯光效果

CHOICE OF LAMP & LIGHTING EFFECT

各式设计别出心裁的吊灯是空间的一大亮点。客厅中，圆形的吊灯将晶莹的水晶与墨色的锻铁完美结合，以一种鲜明的对比呈现出别样的相融美感；餐厅的吊灯则是皮质与青铜的结合，极具一种简易、粗犷的质感；厨房中鸟笼似的吊灯，尽显复古之风；卧室中金色的吊灯，则尽显刚柔相济之美。这些特色鲜明的吊灯给人留下深刻的印象，升华了空间的家居情调。

色彩搭配 COLOR MATCHING

蓝色，是这个空间的灵魂色，其所代表的梦想意义与业主对于海洋的憧憬十分吻合。设计师没有大篇幅地使用蓝色，而是将其巧妙地点缀在空间之中，令其更为鲜明和突出。设计师于空间中广泛铺陈的是一种温馨的家居情调，既有沉静的色彩，也有斑斓的色彩，材质的运用使色彩的出现更具美感，表达得也更为真切。客厅里优雅的蓝色绒布沙发搭配粗肌理的天然皮革及手工羊毛制品，打造出人们渴望归于宁静的栖息之地。

家具配置 FURNITURE CONFIGURATION

设计师在家具的选择上着实用心，力求符合业主的审美与品位。保留木质纹理的实木家具，为家平添了一种洗尽铅华后的质朴之感。座椅上的布艺软包以低调、浅显的色彩搭配实木的纯朴质感，令家的味道悄然流淌。

Presenting Imperial Noble Temperament
演绎宫廷式贵族气质

项目名称：世茂海滨花园
项目面积：850 m^2
项目地点：浙江宁波
设计公司：上采国际设计集团
设 计 师：蔡文亮
摄 影 师：温蔚汉

This is a palatial home space. Through the use of furniture configuration, color matching and the outline of spatial lines, the designer implants palace-style noble temperament into the generous space. Splendid Roman columns, ornate crystal chandeliers, abundant fabrics and various soft furnishings help transform the luxury and elegance of the home into flowing scenery, making every visual perspective full of high quality enjoyment. And, the designer uses modern processing techniques to intepret the palace-style classical temperament, abandons complex decoration but applies fashion, elegant, gorgeous design techniques, thus creating this space into a romantic home filled with noble spirit.

这是一个富丽堂皇的家居空间，设计师通过家具的配置、色彩的搭配及空间线条的勾勒赋予这个大气磅礴的空间以宫廷式贵族气质。气势十足的罗马柱、华丽的水晶吊灯、丰富的布艺及各种软装饰等将家的华贵与典雅风范演绎成一通流动的风景线，让每一个视觉角度都充满着高品质的享受。设计师透过现代的处理手法，将宫廷式古典气质彰显得美轮美奂，摒弃了繁复的修饰，运用时尚、高雅、华丽的设计语汇将空间打造成一个充满贵族神采的浪漫之家。

ELEMENT COLLOCATING
元素搭配

本案中设计师运用丰富、流畅的设计语汇构建了一幅家居梦想蓝图，融入一系列古典元素，通过具有古典韵味的华贵布艺、家具，大放光彩的水晶灯饰，各式工艺品摆件、装饰画，色彩鲜艳的花卉植物等来装点空间。同时，在空间构造上，设计师擅用罗马柱、拱形门框、古典线板及各式天花板为空间划分出鲜明的层次美感。设计师透过各种元素之间的糅合、交叠，创造模拟化的场域、情境，将宫廷式贵族生活的画面搬进现代人居住的空间，追寻历史的余味，享受“坐拥天下”的富贵之感。当然，这一切都是为了营造家之本身的温馨与浪漫。

家具配置

FURNITURE CONFIGURATION

本案所配家具融舒适的功能性与外观丰富的审美价值于一体，沙发、坐椅皆具有柔软的质地，让人感觉格外舒适与轻松。当然，不同的家具也呈现出材质的多样性，木质材料与布面材料相结合的椅子既保留了一丝古朴的韵味，又具有一些时尚的质感。而实木的茶几与桌子则保留了材料本身的一些纹理与色泽，洋溢着浓郁的自然气息。不锈钢与玻璃材质相结合的茶几则演绎出现代时尚的冷冽与凌厉。所有家具有着柔和、婉约的曲线和优雅、婀娜的身段。总体感觉上，所选家具如同空间本身传递给人的感觉一般，于无形中散发着贵族般高雅、华贵的气质。

色彩搭配 COLOR MATCHING

整个空间的色彩搭配深浅有度，不同功能区的色彩搭配也各具特色，给人不一样的感受。客厅作为家中的重要公共区域，设计师选用了偏浓重的色彩搭配，其中墨绿色是空间的主打色彩，借由坐凳、抱枕、地毯不同深浅的绿色搭配，呈现出丰富的视觉层次，同时墨绿色也使空间洋溢着清雅而芬芳、沉静而智慧的气息。而餐厅区较之客厅，则稍显淡雅，上下方的两张红色的椅子格外引人注目，与花卉图案的地毯、孔雀图案的椅子彼此映衬，相得益彰。白色的水晶吊灯散发着柔和的光线，浪漫、温馨的气息氤氲四周。二层的会客室、书房、卧室中，不同深浅色彩的搭配营造出或清新淡雅，或休闲自然，或古典华丽的氛围。其中布艺的繁华扮演了重要的角色，以不同的姿容贯穿其中，演绎着不一样的视觉唯美。

布艺软装饰 SOFT DECORATION OF FABRIC

繁华的布艺软装饰是本案空间一道靓丽的风景，以其温润、华美、端庄、古典吸引人的视线，贯穿于每一个空间区域的设计表达之中。一层客厅的地毯质地上乘，以墨绿色、咖啡色的大幅花卉图案作为装饰，既与空间的大气磅礴相呼应，又呈现出自身的端庄与清雅。而沙发上咖啡色、墨绿色抱枕则与地毯完美搭配，自成一体，其简约的设计外观给人一丝清新、明快之感。而餐厅处的地毯较之客厅的地毯，其以细腻、秀丽的花卉图案装饰，与餐厅整体淡雅的环境融为一体，尽显“小家碧玉”式的秀雅与美丽。过渡到二层，布艺的繁华之貌演绎到极致，无论是窗帘、地毯、抱枕还是床品，都以不同的色彩、纹样、材质，彰显出丰富的视觉层次。家中的每一个角落都洋溢着浪漫与温馨的气息，古典与时尚元素的结合，凝练出特别的韵味。

British Romance
英式贵族年华

项目名称：惠州中洲中央公园
项目面积：980 m²
项目地点：广东惠州
设 计 师：温旭武
软装公司：深圳壹叁壹叁装饰有限公司

The wall bodies of the main building structure are the hand-made bricks which have concise lines and dignified colors, with the penetration of natural flavor. As for the interior decoration, the living room chooses elegant crystal lamps to display the generousness of this space, and every piece of furniture here exudes the inner charm of the space, with perfect master on functions and styles. But in this British-style mansion, there appears "Oriental flavor" that the designer combines the collection room with tea room, with ancient charm, thus making the Chinese elegance and traditional culture display in this space through the exquisite decoration.

本案主要的建筑结构墙体为手工定制的红砖，线条简约，色彩凝重，洋溢着浓郁的自然气息。在室内装饰方面，客厅中高雅的水晶灯彰显出空间的大气，每一件奢华的家具尽显空间的内在魅力，在功能与风格的把握上拿捏得恰到好处。与此同时，在这栋英式风格的豪宅中，还兼顾了“东方情调”，设计师将收藏室和茶室结合，古香古色，将中式雅致与传统文化通过精心的陈设搭配展现得淋漓尽致。

ELEMENT COLLOCATING
元素搭配

设计师以时尚的手法重新演绎现代化的英式风格，仍然主要以优雅、调和为主，搭配美轮美奂的雕刻艺术整个家居空间尽显沉稳与典雅之美。在陈设基调上，点缀部分中式摆件，从细节中流露出业主的个性和生活品位。不论是细腻的皮质、高档的绒料还是柔美的丝质，在整个空间中相互贯穿又相得益彰；色调上以深咖啡色为主，使得整个空间呈现出丰富的层次，洋溢着华丽又不失素雅的清新格调。与此同时，这里还出现了“东方情调”，设计师用纯粹的新中式风格来打造收藏室，让人感觉仿佛一下跳入古中国一般，彰显出业主对中国文化的浓厚兴趣。不同的文化在这个别墅中共存，摆脱了固定与刻板，彰显出创作的自由和表达的艺术。

色彩搭配 COLOR MATCHING

这个现代化的英式风格的豪宅，色彩绚丽、用色大胆、明暗对比鲜明。白、灰等中性色与红褐色和金色的结合凸显了豪华和大气。客厅承载着待人接物、起居生活的重任，所以在整体氛围的营造上以典雅、大气为主，沙发选用了深紫、浅紫、灰绿等稳重的色彩，大红色印花的棕红地毯是客厅中最亮眼的一笔，出彰显雍容华贵的气质。素雅的鲜绿色搭配深浅不一的紫色抱枕，为空间注入了些许清新、雅致的气息。餐厅窗帘与餐椅均采用统一的灰色，与空间中精致的西餐碗碟和金属小配饰相得益彰，沉稳和奢华在这里得到了完美的呈现。男孩房中，纯白色的床品搭配灰绿色的皮制床，一股清新、自然之风扑面而来。

家具配置 FURNITURE CONFIGURATION

现代化英式风格的家具既要舒适，又要显得华丽，设计师选用了大量布艺沙发，欧式曲线的形式，凸出的装饰和简化的框架，充满现代气息，时尚又舒适。主卧中缎面材质的床榻，贵气十足。灰绿色的皮质沙发和床，凸显了英式风格对细腻质感的追求。

紅樓夢
紅樓夢
紅樓夢
紅樓夢
紅樓夢
紅樓夢

Mashup Decoration Endowing Art with New Vitality
混搭让艺术焕发出新的生机

项目名称：兰州万达广场B
项目面积：240 m²
项目地点：甘肃兰州
设 计 师：葛亚曦
软装设计：LSDCASA

This 240-square-meter flat villa is one of the demonstration units of Lanzhou Wanda Plaza project. People always hold a shy and somewhat embarrassed attitude toward the control and pursuit of wealth. While how to ingeniously express a sense of awesome power and artistic sense? The designer integrates the magnificence and generousness of Baroque with the elegance of oriental culture, using different colors, textures and different periods of art and craft to present the uniqueness of this residence. If dressing is the extension of a person's quality, then soft decoration is the soul of the whole space. In the grand hall, the collision of different colors will give people a fresh visual experience, which is neither restrained nor reckless but only with a kind of fun from proper mash-up decoration.

这套240平方米的平层别墅是兰州万达广场项目的其中一个示范单元。对于财富的掌控和向往常常令人羞涩又略感为难，如何才能使空间中恰到好处地同时具有令人敬畏的权势感和让人兴奋的艺术感，成为本案设计的一大挑战。设计师将巴洛克的雄壮、华丽融合东方文化的端庄、典雅，用不同的色彩、材质，以及不同时期的艺术与工艺，展现出了这套居所的与众不同。如果，着装是一个人品质的外延，那么，软装则是整个空间设计的灵魂所在。走进大厅，不同色彩的碰撞令人耳目一新，不局促、不恣意，只有一番妥帖的混搭趣味。

ELEMENT COLLOCATING
元素搭配

设计师将两种迥异的风格精准糅合，让巴洛克与东方文化在这个240平方米的空间中迸发出艺术的生机。在整体米色系的空间里，设计师在局部的色彩搭配上，采用浓烈且多样化的色彩，让空间立刻灵动起来，而且不同的功能区采用不同的色彩搭配，使得整体色调更为丰富多彩。设计师通过两种不同风格的装饰艺术品之间的穿插，将不同文化背景的古典生活场景混搭在一起，构建出令人赏心悦目的画面，人文气息浓郁。家具主要以复古、奢华的欧式古典家具为主，同时饰以浓重的色彩，绘制上或欧式或中式风的花纹图案，极具装饰主义艺术效果。书房选用纯粹的明清家具，欧式奢华的水晶吊灯熠熠生辉，时光在这里停止，一切都是复古且充满历史韵味的。

装饰艺术品 DECORATIVE ARTWORK

装饰艺术品是整个空间设计的特色所在。家具周边精致的雕花搭配精美的花纹图案绘制，不仅是功能摆设还是一件艺术品。客厅中明清时期的挂画搭配手绘壁纸墙面，餐厅同样以花鸟图装饰搭配，与小石狮、糕点盒、仙鹤雕塑、青白瓷等，共同营造出东方古典之美。绚丽的水晶大吊灯、铁艺壁灯、水晶杯以及精致的金色刀叉等又赋予空间巴洛克的奢华氛围。书房中，一个盘龙图案的黑色靠枕，使整个空间的气场大增；博古架上的艺术品，不再是简单的物品，而是一种文化记忆的符号。在不同文化风格的碰撞中，艺术才会焕发出新的生机。卧室中简约的线条从装饰墙到家具勾勒出感性的柔和，而后再对局部搭配精艺细致的手工雕花，樱桃木瘤拼花柜的温润与安宁搭配法式床尾榻的优雅，不同时期的艺术臻品在这里相互混搭，各自诉说着一段段人文故事。

色彩搭配 COLOR MATCHING

客厅和餐厅相互连接而成为整个空间的主要部分，米色系的墙面让整个空间尽显宁静。湖蓝色的丝绒帷幔搭配金黄色的手工流苏，青瓷色的座椅搭配青瓷饰品从天花板到四周，再从家具到靠垫，或姹紫嫣红、层叠起伏，或生机盎然、鸟语花香。在这里，每一种颜色既有其独特的气质，又相互映衬。书房中，金褐色调的运用，仿佛有魔力般将人拉进空间。粉米色的墙纸、银褐色的窗帘、金色的书桌，极好地衬托出书房空间的庄严与宁静。走进卧室，没有任何抢眼元素掺杂，色彩平衡，萦绕在和谐的氛围中。蓝色与灰粉色的色彩交相辉映，轻纱与帷幔相互呼应。在阳光慵懒的映射下，混合着隐约中飘来的淡雅、和顺的香气，时光由此凝练为艺术。

Shaping a Relaxed American-style Harbour
塑造美式休闲港湾

项目名称：奥林匹克花园六期联排别墅端头样板房
项目面积：586 m²
项目地点：重庆
设计公司：重庆季青涛装饰设计有限公司
设 计 师：季青涛
摄 影 师：季青涛

This peaceful and romantic home is defined as Neo-American classical style, aiming to create a leisure paradise-like living context which is quiet, natural, comfortable and warm, with fresh and elegant spatial imageries providing people with natural beauty on senses. In this case, the designers use bright colors to convey a kind of strong but uncarved elegance and at the same time, create a peaceful and free living atmosphere in the spacious space with smooth moving lines, thus shaping a perfect home that "hidden in a big city". In addition, the designers also incorporates pure tones, delicate patterns, arched porch, uncarved log furniture, potted plants sitting beside the sofa and other abundant design elements into space, all seem to tell a kind of leisure and natural lifestyle in city and reflect the homeowner's attitude to life and pursuits.

这处宁静与浪漫的家居空间被设计师定义为新美式古典主义风格，意在构建一番休闲的、世外桃源般的生活情境，安静、自然、舒适、温馨，以清新脱俗、高贵典雅的空间意象给人在感官上引入大自然的天然美感。明快的色彩不事雕琢，同时在动线流畅的开阔空间中营造出一种宁静、自由的生活氛围，形塑一处“大隐于市”的最佳归处。设计师在空间中融入纯净的色调、精致的花纹、拱形的门廊、不加修饰的原木家具、清新自然的花草等丰富的设计元素，无不在诉说着都市里一种休闲与自然的生活方式，彰显业主自身的生活态度与追求。

ELEMENT COLLOCATING
元素搭配

本案设计师意在打造一个充满大自然气息的休闲美式居所，在家具的选择上，注重功能性与舒适性，同时注重其外观的优雅，大气且富丽，大多家具的色彩偏于淡雅、清新，呼应设计的主题。布艺、墙纸侧重于对花卉图案的呈现。在装饰上，设计师大量选用艺术类的装饰画作为点缀，花卉绿植在室内也随处可见，用来美化环境。在空间线条的处理上，强调“拱形”结构的灵活运用，营造强烈的空间层次感，同时赋予空间一丝浪漫、梦幻的气息。

装饰艺术品 DECORATIVE ARTWORK

在本案空间中，大量的装饰画被运用，以丰富的题材与画面渲染环境，或是田园风景，或是静美的人物画，或是演绎大场景的恢弘叙事画作，抽象的、具象的不一而足，皆以自身独特的内涵与情境带给人丰富的感官体验，这是设计师所侧重表现的地方，虚实、动静结合的美感，也为休闲的家居环境增添了一丝艺术的气息。而各种花卉植物也随处可见，赋予家大自然的清新、灵气。另外，印有花卉图案的壁纸是这个空间中的一大亮点，使得整个家居空间更富自然的色彩与温馨的气息。

色彩搭配 COLOR MATCHING

本案整体空间的色彩明快、清新而淡雅，虽有多重色彩的涂抹，但深浅变化有度，调和出一种理想且呼应主题的色彩搭配。一层客厅以大自然中常见的色彩铺陈空间，天花板、地板的木色搭配沙发的米白色、椅子的绿色，给人一种清新、宁静之感，而餐厅处也是以木色搭配色彩淡雅的花卉图案的壁纸，赋予空间一丝田园气息。二楼的客厅与酒吧休闲区则沿袭了一层的格调，彰显出无处不在的自然与温馨。三个卧室的色彩搭配各具特色，或梦幻、温馨，或时尚、简约，或沉稳、宁静。

家具配置 FURNITURE CONFIGURATION

家具的配置从材质上主要区分为皮革、布面、实木，客厅作为主要区域，配备了兼具优雅、大气的外观与舒适功能性的沙发、桌椅，尽显大家风范，而茶几、餐桌、餐椅则以实木为主，是美式风格的显著特点。由于美国在殖民地时期，曾深受西方各国文化的影响，因而在美式家具中也可见新古典家具的线条、造型，特别是卧室的柜体、床及过道旁的展示柜等都能有所体现。

SUMPERMAN
RETUNNS

Relaxed American Style – Returning to Originality
休闲美式，返璞归真

项目名称：绍兴景瑞 · 望府样板房
项目面积：502 m²
项目地点：浙江绍兴
设计公司：上海乐尚装饰设计工程有限公司

American-classical-style furniture and household articles present rough and unprocessed sense of texture and age in materials and colors. Appliances are more focused on comfortable, practical and multi-functional feature without overemphasizing on complicated carving and details, which creates a state returning to simple and nature. Neo-American style has been made adjustment on the basis of traditional American style, which has maintained the modern processing approach for old-making materials and at the same time, mixed with Chinese elements, depicting Chinese style pattern elements on furniture surface in the way of oil painting. What it gets is the integrated beauty of the combination of Chinese and Western styles, yet not losing the traditional generosity of American style. In the living room, American elements are mixed with Chinese elements that the exquisite embroidery screen, solid wood grillwork and the ornament of collections make the whole living room rich in layer and full of culture. In the dining room, Chinese-style red wooden lattice highlights the wooden parquet and American-style patterns. On the table, some decorations of blue and white porcelain with colors are added to highlight the essence of antiquity of Tang Dynasty.

美式古典风格的家具和家居用品在材质及色调上都极具出粗犷、未经加工的质感和年代感。用具多以舒适、实用和多功能为主，不过分强调繁复的雕刻和细节，营造返璞归真的境界。新美式在传统美式的基础上做出了调整，将做旧的材料保持现代的处理方式，同时融合中式元素，在家具表面用油画的手法描绘中式的图案，得到的是中西结合的融合美，又不失美式的传统、大气。客厅中，美式元素混搭中式元素，精致的刺绣屏风、实木花格、收藏品的点缀，使整个客厅层次丰富，文化底蕴十足。餐厅里，中式红色小木格衬托木质拼花与美式图纹，餐桌上添置一些带有青花瓷图案的修饰，凸显唐风古物之精华。

ELEMENT COLLOCATING
元素搭配

这是一场华丽的邂逅，是一场不期而遇的美丽，在尺寸之间的纷争与融合中，喷薄出动人的力量与活力。灵巧的心思在奔放的美式风格中植入典雅的东方元素，以新的语汇表达空间，碰撞出不一样的风情，亦展现出一种大胆且极具思想的创新与尝试。客厅中美式元素与中式元素的混搭不是硬性的拼凑，而是协调地融合在一起。柔软的布艺沙发、精美的皮革与布艺结合的沙发椅、华丽的水晶吊灯、典雅的木质茶几、精致的刺绣屏风、实木花格、中式红色小木格衬托木质拼花与美式图纹，尽显新式的混搭魅力。餐桌上精美的青花瓷瓶与瓷盘，凸显唐风古物之精华，于西式格调中延伸中式风韵，别有一番情调。主卧空间私密、温馨，功能齐全，立柱式床，木饰面与大理石的结合，凸显纯正的美式元素，搭配几幅中式的装饰画，提升了空间得艺术品位。

色彩搭配 COLOR MATCHING

传统的美式墙体和天花板一般会选用大量深色木料，粗犷、自然且休闲，本案也不例外。为了呼应这种家居色彩，软装上也尽量选用温馨的色调，橘黄色、沉静的红棕色、典雅的浅金色等在这里完美搭配，尽显低调的富贵之气，提升了空间的品位与质感。此外，儿童房的布置则以清爽的海洋元素为特色，纯白的空间中点缀着蓝色与红色，洋溢着活泼的海洋气息，更为孩子提供了尽情玩耍的娱乐空间。

家具配置 FURNITURE CONFIGURATION

本案设计师在传统美式的基础上提炼出新美式的别样特色，所选择的家具在对做旧的材料采用现代的处理方式之时，更融合中式元素，在家具表面用油画的手法描绘中式的图案符号，得到的是中西结合的融合美，又不失美式风格的大气粗犷。休闲室的设计极具现代感，光鲜而时尚的皮革沙发别具造型美感；精心设计的酒柜，展示了业主的红酒收藏品，与朋友品酒、雪茄，分享生活的休闲与惬意。

THE
BLACK
ISLAND

COHIBA

Expressing Spaces with Colors, Endowing Senses with Feelings
用色彩表现空间，让感观享受感觉

项目名称：绿湖·歌德廷中央酒店A1别墅
项目面积：680 m²
项目地点：江西南昌
设计公司：香港郑树芬设计事务所
设 计 师：郑树芬

This villa is a very generous private space. With given area added, the homeowner can get nearly 1,000-square-meter actual use of space. Both the front and the back of the villas are small gardens, and tree lawn is on the side, making the whole hotel-like villa is surrounded by trees and flowers. An overhead garage connects with corridor, with separated yards and corridors, providing completed and abundant living space. Goethe katyn is the completed residence for the family of three generations, which can accommodate the couple homeowners, children and two housekeeping staffs. The design goal of the whole space is to endow the homeowners with "A beautiful, practical private club" which gives more enjoyment and more honors. The designer Shufen Zheng uses colors and arrangements to achieve the distinction of spatial function, making different parts have different styles, colors, light, and the atmosphere have changes, and every floor have its own unique function. Whether it is the detail or the whole, the design of the whole flat has achieved perfect balance, which is filled with wealth but not arrogance, elegance but not displaying, warm but refined atmosphere. Just like the remarks of Mr. Zheng, "Every place has its inviting point".

这是一个非常宽敞的私人空间，加上赠送面积，业主实际能获得近1000平方米的使用空间，前后皆是小花园，旁边还有绿化带，整个酒店别墅环绕在绿树红花之中，架空的车库和长廊相通，独门独院，生活空间富足而充分。歌德廷是一个三代之家的完整居所，可住业主夫妇、孩子，外加两个家政人员。整个空间的设计目标，就是让业主获得“一个非常美观且实用性能卓越的私人会所”，让享受多一点，尊荣多一点。设计师用色彩和布置来实现空间功用的区分，不同的部位拥有不同的风格，颜色、灯光、气氛都有所变化，每一层都有独特的作用。整个样板房空间设计无论是细节还是整体，都做到了完美的平衡，洋溢着富贵不凌傲、高雅不高调、热情却脱俗的气息，用设计师的话来说，就是“每个地方都有吸引人胜之处”。

ELEMENT COLLOCATING
元素搭配

本案空间，设计的主旨是享受和尊荣。玄关处，一个充满浓郁中国元素的镂空屏风，黑中带棕的色彩，尽显尊贵与典雅。客厅中使用了众多元素的混搭，家具在古典中透着现代味道。空间中是使用了名贵布料、丝绒、吊灯、火炉、壁画以及从意大利定制的进口地砖，不仅突出了中心点，还彰显出一种极致的奢华。特别是客厅的窗帘，用料中就包括了棉、麻、丝等多种面料，各种面料的反光程度不一样，在阳光下似乎有很多色彩在跳动和变化，流光溢彩。主人房中西结合的各色图案，于古典中透着时尚，华丽与简约的风格巧妙地融为一体，搭配圆形穹顶和特别定制的意大利云石马赛克，将主人房的华贵与雍容彰显得淋漓尽致。

色彩搭配 COLOR MATCHING

整个空间中不同的部位各自拥有不同的风格和颜色，用设计师的话来说就是“用色彩表现空间，让感观享受感觉”。地下室中，棕红色与蓝灰色彩的运用和变换，让人完全感觉不到这是地下空间，然而却能享受到地下空间的宁静和独特。一楼空间使用了众多元素的混搭，米白色主调中，缀以黑与棕的色彩，尽显尊贵与典雅。男孩卧室的主色调为黄色，使人心胸开阔；女孩卧室的主色调为紫色，不仅娇俏，也增添了几分雅致。主卧的色调淡雅且人翁居所的色彩淡雅别致，尤其注重色彩与光影的结合。中西结合的各色图案，于古典中尽显时尚。

家具配置 FURNITURE CONFIGURATION

一个空间不仅要依靠材料、色彩的搭配使用来营造氛围与凸显质感，家具的配置也至关重要。客厅中，米白色的两张单人沙发从靠背到座面呈现出柔和的曲线，简约的白色轮廓搭配浅灰色皮革，椅子呈现出宛如名媛一般的优雅身段。沙发扶手与靠背包覆着米白色的布面，极具一种大气、舒适之感，而在壁炉旁，两张棕色皮椅透着一种粗犷的美感。金属镶边茶几脚部皆保留了欧式的优美曲线，但又做了简化处理，彰显出新古典的时尚美感。整体空间中家具颜色的搭配与线条的呈现皆呼应了业主要求打造一个华美、舒适的空间的主题思想，营造出和谐、浪漫的家居氛围。

Angel's Fantastic Castle
安妮儿的梦幻城堡

项目名称：北纬25度安妮女王样板房
项目面积：400 m^2
项目地点：福建福州
设计公司：深圳金凤凰装饰
摄 影 师：江宁

This case is a multi-story villa. On the interior decoration, the designer pays attention to the use of transparent wooden elevator so as to eliminate the distance between human and machines, which also has prevented the homeowner from getting blunt and cold feeling. The ceiling of living room is designed into empty grid, with bright and clear lines inside, progression of layers, hollow sculpture and exposed shining. The color matching of the space with floor taking exquisite purely-handcrafted marble as the keynote makes the chandelier hanged in the central of the living room appear cleaner and more transparent. The elegant damask sofa shows its smooth pattern texture as well as delicate quality, which compliments with the plush Cheeni Kum, complex but not heavy. The dining room is like a white fantasy castle. The exquisite silverwares, resonating with the inspiration of the designer, are widely displayed on the showcase and coffee table, performing the ultimate aristocratic life.

本案为多层别墅，对于内部装饰，设计师使用了通透的木质电梯，力求消除人与机器的距离，避免让居住者产生生硬、冰冷之感。客厅天花板和挑空方格设计，线条明朗，层层递进，镂空雕刻，光芒外露。地面以纯手工精制的大理石建材为基调，与悬挂于客厅中央的水晶吊灯相得益彰。素雅的锦缎沙发雕花纹理通顺，质地紧致、细腻，与质地丰富的毛绒交相辉映，于繁复之中却不见厚重。餐厅仿佛一座白色梦幻的浪漫城堡。精美的银器制作工艺精湛，与设计师的创造灵感邂逅，陈列于展柜及茶几上，演绎着极致的贵族生活。

ELEMENT COLLOCATING

元素搭配

优雅、温馨是本案所要传达的设计理念。在软装上，设计师加入较多的自然田园的要素，叶子、花朵的图案随处可见，令温馨、浪漫感油然而生。设计师着重利用各式水晶灯具和灯光彰显出空间的华美气质，演绎出生活的华美乐章，并通过搭配多幅油画，打造出诗意般的田园生活。在家具的选择上，设计师期望融入质感相对柔软与温馨的元素，于是就选用了绒、棉麻等厚重的材质与之相配，木质家具也以复古的红棕色为主，将空间拉回到一种优雅而温馨的氛围中。同时使用了金黄色这一暖色系，从家具、布艺到饰品都萦绕在这个色调之中，金秋的温暖让人倍感心情愉悦。

灯具的选择与灯光效果 CHOICE OF LAMP & LIGHTING EFFECT

利用灯光的造型和光影的变换，进行色彩和氛围的调节营造是室内设计的重要手法。客厅拉伸的开阔气度搭配大气华丽的水晶灯，才能彰显空间的奢华气质，在设计上做到一气呵成。厨房提篮形吊灯充满趣味，晕黄的灯光朦胧地散发开来，为就餐增添了浪漫的气息。家庭活动室的水晶吊灯将华丽演绎到极致，天花板精致雕花与吊灯完美契合，四周勾勒起波浪般的花纹，层层环绕，上演着一场光影交融的华丽景象。

装饰艺术品 DECORATIVE ARTWORK

充满田园气息的油画是室内的精彩点缀，不同风格的画被有序地分布在各个区域中。客厅中的秋猎图色彩绚烂，在满目金黄的野外骑马驰骋打猎的场景令人神往。餐厅中的鲜花图勾画出明亮的高脚杯，画面温馨、浪漫，和优雅的就餐氛围不谋而合。活动室中的少妇图和水彩花朵图独特而有个性，在色彩和格调上也契合了活动室的宁静、雅致的气氛。

Aesthetic Exploration of Pan-orient
泛东方的美学探索

项目名称：绍兴绿城玉兰花园
项目面积：500 m²
项目地点：浙江绍兴
设 计 师：葛亚曦
软装设计：LSDCASA

This case belongs to the first Shaoxing high-end residential project of Greentown Group, which is also the first project that Greentown Group introduces circular hall and cross house-type into high-rise residences. Entering the circular hall from the entrance elevator, people can find the living room, family room and master bedroom are on the left, wine tasting room, chess room and media room are on the right, and dining room and kitchen are in the front. These areas interconnect with each other but still separate from each other, which dramatically increased the fluidity of spaces and the interaction between family members. In the late period of soft accessories, the designer combines Chinese style, ARTDECO and many other styles which deeply reflecting the reflection on culture and philosophy, which is also the aesthetic exploration of Pan-oriental culture.

本案是绿城集团在绍兴的首个高端住宅项目，也是绿城集团首次将圆厅、十字户型引入高层住宅。从入户电梯进入圆厅后，左侧是客厅、家庭厅和主卧，右侧为品酒室、棋牌室和影音室，前方是餐厅和厨房。区域之间相互连通又各自独立，大大增加了空间的流动性，同时鼓励家庭成员之间的互动交流。设计师在后期的软装配饰上，结合中式、ARTDECO等多种风格，深层次地体现出对文化、哲学的反思，也是一种对泛东方文化的美学探索。

ELEMENT COLLOCATING
元素搭配

整个空间是设计师对所谓风格的重新思索，摆脱固定和刻板，彰显创作的自由和表达的艺术，强调只要是合理存在的、美好的装饰性元素，无论它属于何种风格，都可以通过艺术的手法融入作品中，令一切变得与众不同。设计师以东方本土特有的砖红和青色作为空间中的主色调，不同的空间之间，配以祥云、中国结、回字纹等中式传统的装饰元素，不经意间，中式的古典之美被无限延伸，穿行其间，让人心生宁静。在结构上，区域之间相互连通又各自独立，大大增加了空间的流动性，同时鼓励家庭成员之间的互动。在家具方面，没有全部选择中式家具，而是将现代ARTDECO风格的家具与之相结合，简单的构造、典雅的气质与低调、内敛的东方风格不谋而和，空间设计整体呈现出独特而和谐的美学价值。

色彩搭配 COLOR MATCHING

客厅里，左右对称的布局摆设迎合了中国人的审美观，砖红色与黑色搭配打造出的典雅与沉稳，在大面积祥云图案地毯的烘托下，尽显东方神韵。偏厅作为一个类似书房的区域，则完全采用现代中式风格进行布置，木质书桌和扶手椅尽显儒雅与宁静，让人忍不住驻足。移步到家庭厅，是与客厅完全不同的青色调和咖啡色调，设计师将现代的东方文化和审美积淀的新经典融入ARTDECO装饰艺术风格中，由内而外地彰显独特的优雅和一种耐久、经典的价值。

装饰艺术品
DECORATIVE ARTWORK

在所到之处的每一个空间里，雅致和美丽的就如影随形。砖红与青的色彩呼应，点睛之效的中式摆件，凝练着空间的历史底蕴，空间的气质不再是单一的，从古代到现代、从东方到西方、从物质到精神，收放自如的手法成就了空间的灵魂。影音室里的中式柜、棋牌室里的水墨画、波普图案的地毯……这一切被设计师调配得恰到好处，意境和韵味，令东方的气质美学自然地呈现，生活的“雅”，设计的“雅”，心灵的“雅”，便由此复兴。

Reservation of Elegant Years
典藏岁月风华

项目名称：保利塘祁路C户型
项目地点：上海
设计公司：上海乐尚装饰设计工程有限公司

This case is an overall space blending multiple design elements, which is mainly displayed with relatively calm tones, laying the main style of space. The living room is adopted with a series of representative imagery of Chinese traditional culture to create a kind of classical charm which is in the impression of Chinese people. The folding screen spreading with plum pattern stands against the wall. Chinese patterned carpet, peach blossom hanging painting on the wall, etc., all bring the Chinese meaning into people's sensory experience. Transiting to dining/bedroom space, there shows a kind of mixed multiple beauty. The designers of this case specialize in the introduction of new material to shape the space. Though the selected furniture has the meaning of gentle and classical shape, their fashionable and novel texture reveals irresistibly, which makes a showy display, fusing together with the whole space ingeniously. And, this is just the best thing that LESTYLE always do, which is also a feature that design expresses.

本案是一个融合多重设计元素的整体空间，主要以较为沉稳的色调铺陈，来奠定空间的主要格调。客厅中采用一系列中式传统文化的代表意象来营造一种中国人印象中的古典韵味，以梅花为图案的折叠式铺展而开的屏风倚墙而立，中式纹样的地毯、墙壁上的桃花挂画等无不将中式意味带入人们的感官体验。而过渡到餐厅及卧房空间，则彰显出一种混搭的多元美感。设计师擅长采用新材质来塑造空间，所选家具中虽有温婉、柔和的古典造型意味，但其时尚、新颖的质感也丝毫未能藏匿，而是锋芒毕露，与整个空间恰到好处地融为一体，这恰恰是乐尚设计一直能做到的上乘之处，也可谓是一种设计表达的特色。

ELEMENT COLLOCATING
元素搭配

本案是一个混搭风格的家居空间，混搭风格是一种特异的表现形式，它可以摆脱沉闷，突出重点，符合当今人们追求个性、随意的生活态度。本案客厅的设计借由一系列中式元素来营造端庄与典雅的东方意境，而餐厅处的设计凭借新材质的运用和家具简约的线条勾勒而颇具现代、时尚的质感。而卧房的设计凭借家具、布艺的材质、色彩、纹案融合了古典与现代、东方与西方的多重元素，彰显出多元化的美感。但总的来说，混搭风格的居室内，不管怎样包容，绝不是生拉硬配，而是强调和谐统一、百花齐放、相得益彰的搭配效果，本案就是一个典型。

装饰艺术品 DECORATIVE ARTWORK

客厅中设计师以梅花图案的屏风和以桃花为意象的挂画作为装饰，是中式元素的典型植入，尽显古朴与典雅。餐厅处的装饰画则以其清新、明快的色彩和整体沉静的空间氛围，成为视觉的亮点。除此之外，设计师在空间中还惯用各种图案于装饰中，如茶具、柜体、床品、壁纸上的各种纹案，无不透着一种视觉美感。

色彩搭配 COLOR MATCHING

本案从客厅到餐厅甚至其中两个卧房都凭借色彩按深浅比例搭配演绎出一种较为沉稳、端庄的格调，各种元素混搭形成色彩上的一脉相承，进而增添了整体的和谐与统一。客厅中，米色的沙发、座椅与具有窗花图案的地毯相得益彰，极具典雅与内敛的气质。餐厅中的色彩搭配则基本上承袭了客厅的格调，不过凭借墙壁上淡蓝色的挂画及餐桌上色彩温馨的花卉植物的点缀，而赋予空间一些明快、温馨的气息。卧室中，巧克力色彩的运用，体现出各区域色彩之间的自然过渡与衔接。女孩房则采用红色与浅绿色为主的搭配，是大自然的色彩，十分明丽，符合女孩儿的性情与审美。

Lost in British Style
情醉英伦风

项目名称：张家港英伦别墅样板房
项目面积：500 m^2
项目地点：江苏张家港
设计公司：上海集百室内设计工程有限公司
设 计 师：华蕊、卢丹、卢翠、任云妹
摄 影 师：华蕊

This project gets the area of approximately 500 square meters, which is a soft decoration project of a villa flat. The designers make every effort in the design of soft decoration and the selection of fabric samples. In this case, the house type is generous, with plenty of functions. From the entertaining space of the basement to the third-floor master space, every detail is filled with beauty. The mixed British style helps show the nobility of the villa as well as the leisure and comfortable life. The designers use simulated scenarios to reflect the attitude towards life and taste of the homeowner; the retro handling of leather, veneer finishes, rivets, etc. helps reflect the steady and quality of furniture; European-style handmade flowers are decorated in the whole villa; nobility everywhere likes overflowing fragrance as well as the arrangement of art ware makes the whole space endowed with rich layers and sense of art. From here, we can find that the designers have created a living space with both steadiness and romance of typical British style and dignified and classic beauty.

本项目为面积约500平方米的别墅样板房软装工程，从软装设计到布料样品的选购等倾尽了设计师的精力。本案房型大气、功能丰富，从地下室的娱乐空间到三楼的主人卧室空间，每个细部都充满着美感。通过英伦混搭风格来彰显别墅的贵族气质及休闲、惬意的生活品质。设计师通过营造模拟化的场景来彰显业主的生活态度与品位；而皮革、木饰面、铆钉等复古的处理了则体现家具的沉稳与品质；欧式的手工插花装点于整个别墅空间，无处不在的高贵气息如同那氤氲四溢的花香，另外工艺品的摆设使得整个空间层次丰富，具有艺术感。在这里，足见设计师营造了一个典型的英伦式沉稳与浪漫、高贵与经典之美并重的家居空间。

ELEMENT COLLOCATING
元素搭配

本案设计师通过英伦混搭风格来彰显别墅的贵族气质，软装搭配上则以自然、优雅、含蓄、高贵为特点，融入英伦风格的家具、造型各异的灯饰、华贵典雅的布艺、主题丰富的装饰画、雕花镜子、精雕细琢的工艺品摆件及色彩鲜艳的花卉植物等元素，将英伦风格中温文尔雅的绅士风度与端庄富态的贵族气质诠释得淋漓尽致，打造出一个“有血有肉”且集沉稳、华贵于一体的大气之家。

Paris

家具配置 FURNITURE CONFIGURATION

本案所配置的家具材质多样，但都少不了与木质材料的结合，其中皮革、布面与木材的结合最为常见，赋予家具舒适的功能性，同时彰显低调、内敛的气质。新英伦风格的家具也可见洛可可遗韵，多用S曲线塑形，表面和侧向部位也多用缠绵盘曲的卷草舒花修饰，融入很多时尚元素。同时有一部分家具如书房的书桌、卧室的柜体、床尾凳等都可见点缀的小花纹，赋予空间一丝自然、朴实的田园气息。

色彩搭配 COLOR MATCHING

整体空间主要以墙壁与天花板的大面木色铺陈，演绎着英国贵族端庄与沉稳的气质，同时透过一些空间的留白来调和整体色彩，客厅、书房、餐厅中所选家具皆以深色系为主，但混合窗帘、地毯、家具纹案、装饰画的色彩加以零星的点缀与调配，舒缓了视觉效果，使空间出现层次的变化，萦绕着一丝灵动的气韵。而餐厅处的色彩搭配则较明快，采用温馨的木色结合窗帘、座椅的淡褐色及大理石墙面的白色搭配，营造出清爽、自然的氛围。三个卧房的色彩搭配最为丰富，借由窗帘、床品、地毯的色彩混合、过渡，呈现出丰富的视觉效果，华贵而典雅。

布艺软装饰 SOFT DECORATION OF FABRIC

布艺可谓家的华服，以其丰富的色彩、柔软的质地为家平添了一些温馨的气息。布艺的搭配比较讲究与整个空间环境的和谐统一，既要有整体的考虑，又要做到细节处的融合，各种装饰品都应起到相得益彰的装饰效果，布艺亦是如此。客厅处的窗帘有着深咖啡色古典花纹，与整个客厅沉稳的色彩相呼应，而沙发抱枕则以较为明艳一些的画面、图案装饰，起到了调和氛围的作用。三个卧室的布艺搭配则更为丰富，但各具特色。除了整体搭配和谐之外，也会考虑不同业主的性格与喜好，借由不同的花纹、色彩、款式，呈现出或简洁明快，或清新淡雅，或富丽华贵的格调。

Enjoy Beautiful Life
品味隽美生活

项目名称：苏州栖湖名苑独栋4-2别墅
项目面积：280 m^2
项目地点：广东东莞
设 计 师：蔡少芬
陈设公司：深圳市米兰轩陈设艺术有限公司

The female homeowner of this villa is influenced by art for a long time, thus she holds her own independent attitude towards life and get a deeper understanding of the quality of life than common people. In daily life, in addition to practical and functional needs, the homeowner also requires the abundance of spiritual world. The quality and taste come from rich life experiences and connotative inner world. Therefore, the designer has well caught the requirements of the customer for high-end home, realizing a situation with all things forgotten in the delicate enlightenment of French lines. In several connections and conversion of spaces, the rhythmic transforms, rich expression and colors with tension give people the enjoyment of high-quality home. Every texture seems to tell that life should be so beautiful.

In the situation of life combining with art perfectly, it is a ultimate enjoyment to invite several friends to taste the hand-grinding coffee, listen to the Baroque music while appreciating the classic Baroque paintings, and thus creating a fully new creative inspiration. Then, a colorful artistic spiritual world opens...

别墅女主人长期的艺术熏陶让她对生活持有自己的独立态度，对于生活品位比常人有更深一层的理解。在日常生活中，除满足实用功能需求之外，精神世界的丰富对她来说更为重要。品质和品位来自于丰富的生活经历和富有内涵的内心世界，设计师抓住了客户高端的家居设计要求，在法式线条的细腻里，达到了物我两忘的高度境界。在空间多处的衔接和转换处，富有韵律的起承转合，以及丰富的表现力和富有张力的色调，给人高品质家居空间的享受。每一个纹理，都在证明生活就应如此美好。

生活与艺术完美结合，相约三两知己，共品手磨咖啡的浓香，一边聆听跃动的巴洛克音乐，一边欣赏经典的巴洛克画作，酝酿全新的创作灵感。一个丰富多彩的艺术精神世界，由此开启……

ELEMENT COLLOCATING
元素搭配

本案无一不体现出典雅、舒适、浪漫的法式田园风。采用精致的欧式宫廷雕花包边的布艺沙发，包边的雕琢凝练得更为含蓄，更为精雅，搭配布艺的材质，更为实用、舒适。鲜花、风景油画等自然元素应用到家居设计中，给人清新、浪漫的感觉。室内以白色和蓝色为基调，明亮、悦目。白色尽显明净，同时营造出空间的延伸感，优化了室内空间。蓝色点亮了整体空间，营造出自然、清新的生活氛围。居于室内，有如漫步在蔚蓝色的海岸边和白色的沙滩上，自由、自然、浪漫、休闲之感油然而生。法国人的艺术品位让我们最佩服的就是能在保留自己古典精髓的同时，结合最时尚的元素，使古典在时尚中如凤凰涅磐般再生。

色彩搭配 COLOR MATCHING

设计师运用清丽、浪漫的色彩为业主打造了一个充满梦想且气质不俗的家。走进客厅，便会发现这里有着大面积纯色块的碰撞，但这个在空间里却如此和谐，因为设计师通过主次分明的色彩配比关系来呈现心情的旋律。整个空间以淡蓝色为基调，显得安定而平和，淡紫色与米白色的加入让空间不再单调。在卧室设计中，设计师将色彩演绎得更加纯粹。饱和程度不同的米白色碎花以不同的形态出现在墙、躺椅、床品上，凸显了空间的素雅与温馨。在纯白色环境的包裹下，一席宝蓝色印花地毯将更衣室映衬得分外雅致。空间就是在这样的色彩元素搭配中变得独特且富有魅力，简单的生活在色彩中享受着心情的愉悦。

Delicacy and Distance Like Impressionism
印象派般的细腻悠远

项目名称：重庆复地花屿城别墅
项目面积：330 m²
项目地点：重庆
设计公司：戴勇室内设计师事务所
设 计 师：戴勇
软装工程、艺术品：戴勇室内设计师事务所&深圳市卡萨艺术品有限公司

In this world, there are many unknown places would become known because of some great artist, such as the French Giverny town where Monnai lived for about forty-three years and this impressionist master lived there throughout his later life. Every year, a large number of visitors would go to this town to trace the trail of this master. However, who can tell that, in flower-filled streets, how many excellent artists once lingered about, and how many beautiful touching stories happened there? Chongqing Forte Huayu City project chooses French Giverny town as the planning concept, aiming to create a "town of flowers" in Chongqing. and a gorgeous feminine-themed space, and requiring the designers to express the romantic atmosphere of french coutryside and the noble atmosphere of classic luxury.

在这个世界上，有很多曾经不起眼的地方会因为某位伟大的艺术家而被人所熟知，正如莫奈居住了43年的法国的吉维尼小镇，这位印象派的大师整个后半生一直安静地在那里度过。每年都有大批的游客前往小镇去追寻大师的踪迹。然而谁又能说得出，在那开满鲜花的街道上，曾经徘徊过多少优秀的艺术家，又发生过多少感人的美丽故事。重庆复地花屿城别墅项目以法国吉维尼小镇为规划蓝图，希望打造一个重庆的“鲜花小镇”和一个色彩绚丽的女性主题空间，营造出法国田园般的浪漫氛围和古典奢华的尊贵氛围。

ELEMENT COLLOCATING
元素搭配

法国丰富的艺术文化底蕴，开放、创新的设计思想及其尊贵的姿容，一直以来颇受众人喜爱与追求。整个空间的设计，如同印象派画家的笔触一般平静而细腻，彰显出清新、隽永的格调，田园休闲与典雅高贵并容。将雍容典雅的家具、精美华贵的布艺、造型独特的工艺品及装饰画作、丰富的镜面等元素融为一体。无论是家具还是配饰均以其优雅、唯美的姿态，平和而富有内涵的气韵，彰显出业主高雅的生活品位。通过各种元素的搭配，设计师将怀古的浪漫情怀与现代人对生活的需求相结合，兼具华贵典雅与时尚现代。客厅地面以纤细、小巧的石材马赛克铺就优雅、精致的图案，餐厅墙上大幅风景油画透出幽深而神秘的意境。室内素绕的田园气氛，渲染了一种悠远的浪漫思绪。或许，你我也会像莫奈一样，一旦爱上了，就再也不愿离开。

布艺软装饰 SOFT DECORATION OF FABRIC

本案的布艺搭配极为讲究，华丽、精美的布艺是装饰空间的一大亮点，强调整体和谐、统一的搭配手法。比如，客厅处银灰色的欧式窗帘与布艺沙发的搭配，材质和色彩都极为和谐；沙发抱枕的蓝白色条纹尽显典雅与清新。餐厅处线条优雅的碎花餐椅与大幅风景油画皆传递出一种悠远的田园之风。在卧室布艺之间的搭配也依循着同样的搭配法则，或雍容华贵，或典雅大气，但能会恰到好处地与整体环境相融合。

装饰艺术品 DECORATIVE ARTWORK

设计师融合了各种装饰元素，通过具有古典韵味的陶器、优雅的清新花艺、工艺品摆件、风格色彩相宜的装饰画等元素的搭配运用，意在空间中植入极富艺术性的时尚美学概念，将古典与现代的融合演绎得淋漓尽致。

色彩搭配 COLOR MATCHING

整体空间清新、淡雅的配色彰显出法式田园般清新，隽永的格调，同时为了兼具法式高贵、典雅的气质，设计师在本案所选家具色彩上皆缀以雍容、华贵的金黄色，糅合少量棕色，搭配古典的花纹，形塑浓郁的贵族气质。从外观上看，一方面保留了材质、色彩的大致风格，仍然可以很强烈地感受到传统的历史痕迹与浑厚的文化底蕴，同时又摒弃了过于复杂的肌理和装饰，简化了线条，洋溢着优雅、大气、时尚的气息。

现代豪宅

MODERN
MANSION

Flowing Colored Space
流动的色彩空间

项目面积：220 m^2
项目地点：美国佛罗里达
设计公司：JMA Interior Decoration
设 计 师：Jackie Armour

This holiday home is situated beside a beautiful lake, located in a quiet neighborhood and near the Atlantic Ocean. The suitable climate, pleasant scenery, peaceful atmosphere and unique natural advantage make this stronghold become a total accomplishment Holy Land. The most visual impact that the residence gives to people is bright colors, with the leisurely combination of blue and green evoking Florida's beautiful landscapes. Brilliant sunshine, yellow beaches, blue waters and vivid flowers, all can find their footnotes in this multiple-colored space. The interior space follows the principle that one space uses one main color, which creates independent spaces with their distinct colors, and also shows many bright and lovely color houses.

本案度假屋坐落于一个美丽的湖泊旁，处于一个安静的社区内，靠近大西洋。适宜的气候，怡人的风景，宁静的氛围，得天独厚的优势使得这个据点成为一个十足的修养圣地。房屋给人最具视觉冲击力的是其亮丽的色彩，蓝色和绿色的舒缓、宁静的组合成就了佛罗里达州美丽的景观，灿烂的阳光、黄色的海滩、蓝色的海水、鲜妍的花朵都可以从这个多重色彩空间找到注脚。室内遵循“一个空间，一种主色"的原则，形塑出多个具有各自鲜明色彩的独立空间，也呈现出一个个明艳、可爱的色彩屋。

ELEMENT COLLOCATING
元素搭配

客厅设计的亮点是悬挂在壁炉上方的优美画作。宽大的画幅透视出立体的效果，呼应了客厅整体的清新的色调和气质，并以多层意蕴延伸作为这一处的点睛之笔。装饰也是必不可少的点缀，为空间大大增色。造型别致、晶莹剔透的贝壳吊灯，烘托了整个就餐氛围；自然质朴、光亮透气的剑麻地毯，使整个房屋显得明亮、通透。亮丽色彩的抱枕、饰品和深色的红木地板形成强烈的对比，平衡了传统风格元素、现代挂画和众多细节处理，提升了空间的艺术品位。

色彩搭配 COLOR MATCHING

亮丽，多彩的色彩搭配是空间设计的显著特色，充分体现“一个空间，一种主色”的原则，包裹出多个具有鲜明色彩的独立空间，也呈现出一个个明艳、可爱的色彩屋。纯净的白色是整个室内的基调，连在一起的客、餐厅以蓝绿色的色彩组合成就了佛罗里达州美丽的景观。休息室以绿色为基调，片片粉色缀于其中，给予眼睛与身心充分滋润，带来自然的清新与休闲。卧室或以绿色和蓝色为主，清新、活泼富有朝气；或以粉红色为主，温馨、可爱，唤起内心的童真和浪漫情怀。而铺满嫩绿的卫浴，辅以粉色碎花布艺，好像童话里的秘密花园一般，纯净而美好。

Elegant Flavor & Romantic French Style
清雅风情，浪漫法式

项目名称：中航天逸二期D2户型
项目面积：128 m^2
项目地点：广东深圳
设计公司：香港郑树芬设计事务所
设 计 师：郑树芬
软装设计师：郑树芬、杜恒、胡瑗

This house is a spiritual idyllic place to urban citizens rather than a private residence. The eternal and classic French Provencal living context always reminds urban citizens of the spiritual idyllic place, with low-key, introverted, romantic atmosphere coming near, providing people with another kind of simple, distant and serene urban life. Wood-color furniture, rustic bedding and elegant floral help slow down the fast-paced life. Blue coral chandelier in dining room has enriched the entire refreshing space. Exquisite artworks are always the most powerful weapon to decorate spaces, which can also increase people's delight of life so as to improve their aesthetic taste.

这不是一座宅院，而是都市人的心灵田园。永恒、经典的法式普罗旺斯生活意境，形塑了都市人的心灵田园，低调、内敛、浪漫得气息层层叠近，让人享受另一种质朴、悠远而宁静的都市生活。原木色家具、质朴的床品、淡雅的花艺放慢了快节奏的生活，而餐厅中宝蓝色的珊瑚吊灯丰富了整个清爽的空间。精美的艺术品往往是空间装饰最有力的武器，也能增加人们生活的情趣以提高其审美的品味。

ELEMENT COLLOCATING
元素搭配

笔直的动线，简约的线条，勾勒出方正的空间架构，简洁、干练的设计手法，沉静、雅致的空间软装设计，休闲、惬意的家居风格，设计师将清新醇美法式田园风送进人们的视野。用现代法式风格诠释空间，摒弃了古典法式的繁复、奢华之美，用现代简约的布艺软装饰搭配法式风格家具，而法式精美的餐具、灯具则与现代装饰品相穿插。浪漫，是法式风格不可割舍的灵魂。而设计师也只是在每处空间中轻轻地点缀以清丽的百合、高洁的蝴蝶兰和精致的插花，却让人在淡淡的花香中，嗅到芬芳的浪漫与热情。客、餐厅中的鲜绿装饰与卧室的淡蓝色调共同以清丽不乏浪漫的格调渲染出现代生活的时尚与精致。

装饰艺术品 DECORATIVE ARTWORK

于现代的空间设计中描绘出法式的时尚表情，是本案装饰搭配的基本理念。餐厅上方宝蓝色的珊瑚吊灯，造型、色彩和材质都很独特，集结了一室的清雅、华丽，成为空间的视觉焦点，也丰富了整个清爽的空间。桌上摆放的两盏透明的玻璃台灯，带出一种洁净、清透的美感；点燃透明玻璃杯中的蜡烛，在觥筹交错中享受法式大餐，不失为生活的惬意与美好。客厅、餐厅背景墙皆整齐地悬挂着几幅相同材质和底色的现代装饰画，是欧洲经典建筑的素描画和松果、向日葵的植物黑白画。在嫩绿色的基调下，一切都是那么雅致。欧式繁复花纹相框、现代精美金属雕花镜面、木马雕刻、欧式木质台灯等不同时期的艺术装饰品在这里相互混搭，又各自诉说着一段段人文故事。

色彩搭配 COLOR MATCHING

普罗旺斯那一望无际的薰衣草花田总是将浓郁、艳丽的色彩潜藏在人们的意识中，那秀美的乡野风景早已成为法国乡村最为标志性的代言。设计师却另辟蹊径，以白色、米黄、青绿等浅色调铺展空间，呈现出一派清新的田园风。走进大厅，大面积白色的碰撞给人耳目一新的视觉感受，不局促、不恣意，只有一番妥帖的混搭趣味。卧室中天蓝色的出现让整个空间倍感宁静。从墙面到地板，再从家具到靠垫再到地毯，不时点缀的黑色、银色与艳红色，将每一处空间的风景都塑造得高雅、经典，令整体空间彰显出开放、宽容的非凡气度，丝毫不显局促。在这里，每一种颜色既有其独特的气质，又相互映衬。

家具配置 FURNITURE CONFIGURATION

设计师选用的现代欧式家具，线条简约却不乏优美的弧度与精巧的曲线，保留了古典风格的底蕴与精髓。色彩质地上，选择了原木色家具，雅致而不繁复，内蕴外置，彰显出贵族的高贵气质。米色的布艺沙发，其纯净的色彩于舒适的功能设置中令人倍享法式简约而独特的浪漫情怀。实木板修饰的床与桌柜以温润的原木色调为空间注入了一抹暖色，搭配地毯、沙发、床品的柔软质感与沉稳色调，将卧室空间烘托得素雅、清丽，利于休憩、安眠。

"Holy Land" for Travelers to Stay
旅行者的驻足“圣地”

项目名称：保利塘祁路D户型
项目地点：上海
设计公司：上海乐尚装饰设计工程有限公司

The design company LESTYLE defines this case as "leisure & travelling style" residence. Just as its name implies, designers implant the spirit of resort-style relaxation and comfort into the design expression of space, enabling people to get complete physical and mental relaxation as if personally stayed there. This case chooses dark colors to show spaces, but having avoided the potential depressing feeling caused by these dark colors through the use of fashionable and novel materials, and instead, the dark colors help create low-key luxury and generousness. In the living room, a white cello is like a take-along object of the traveling musician who returns with romantic atmosphere from a victory show tour. Blue and coffee chairs, sofas and plaid carpet help highlight the grand and rugged temperament with their strong sense of quantity, which is like the uninhibited paces of travelers. The decorative "map" in the dining room has better interpreted the connotation of "leisure & travelling", which symbolizes the hearty feeling of travelling the world. The bedroom is adopted with various symbols and elements to reflect "scenery along the way", which is the presentation of the ideal life. In fact, what the designers finally want to express is that "No matter where a traveler goes, how far he travels; home is the place that he always dreams to return".

乐尚设计将本案定义为“休旅风格”的家居空间，顾名思义，设计师将度假式休闲与惬意之精神植入空间的设计表达中，让人身临其境，能收获身心的彻底放松。本案以深色系的色彩铺陈空间，却凭借材质之时尚与新颖避免了深色可能带来的沉闷感觉，取而代之的是低调的华贵与大气。客厅中，白色的大提琴仿佛是旅行音乐家的随身之物，洋溢着巡演胜利归来的浪漫气息。而蓝色与咖啡色的座椅、沙发、格子地毯则以厚重的量感凸显恢弘、粗犷的气质，如同旅人自由不羁的步伐。而餐厅处的“地图”装饰画面，更为精准地诠释了“休旅”的内涵，乃是走遍世界的酣畅淋漓之感。而在卧室也采用种种符号与元素展现“沿途的风景”，是理想的生活写意。实际上，设计师最终想表达的不过是“无论一个旅行者去过多少地方，走了多远，家才是其所梦想的归处”。

ELEMENT COLLOCATING
元素搭配

这是一个怀揣着音乐梦想的主人的度假式家居空间，设计师以体现“音乐爱好”作为创意的始点，围绕这个主题铺展开一个充满自由、休闲气息的现代居住空间。设计师融入多重体现“音乐”主题的时尚元素，无论是床品的布艺或是墙壁上的偶像画抑或是音乐器材的展现无一不彰显出一个音乐爱好者狂热的追求，有着如同旅人一样自由不羁的豁达性情。而家具的选择上以“粗犷”、“大气”的外观呼应设计的主题，同时通过不同材质的碰撞糅合出时尚与奔放的气质。

布艺软装饰 SOFT DECORATION OF FABRIC

挑选布艺首先要定基调，主要体现在色彩、质地、图案的选择上。进行色彩的选择时，要结合家具的色彩确定一个主色调，使居室整体的色彩、美感协调、一致。恰到好处的布艺装饰能为家居增色。本案客厅中，古典花纹深色窗帘、格纹的地毯与客厅整体沉稳、低调的氛围搭配和谐，浑然一体。而沙发、椅子上5抱枕的色彩、图案也是深色系的融合，但兼具时尚、前卫的质感。两个卧室分别有着不同的深浅色彩搭配，从地毯到床品到窗帘的选择都呈现出一脉相承的色彩视觉效果。

家具配置 FURNITURE CONFIGURATION

空间所配家具皆以厚重的量感凸显“磅礴”、“恢宏”的气势，是休闲式度假风格最为鲜明的写照。无论是客厅的沙发、椅子还是餐厅中的餐椅，其外形轮廓皆以“写意”般的手法简约勾勒，时尚、大气，同时不锈钢与皮革材质的结合或者过渡，都呈现出独特的视觉美感。

色彩搭配 COLOR MATCHING

整体空间的色彩搭配以沉稳为主，客厅地面以温润的木色铺陈，配以咖色的沙发、深蓝色的椅子，而格纹的地毯则在其中起到调和视觉感受的作用，使空间不显沉闷。而与客厅紧密相邻的休闲演奏区则以大提琴白色的优雅与浪漫呈现，不规则的黑白地毯搭配得恰到好处。而餐厅中的配色稍显淡雅，晶莹剔透的水晶吊灯简约而时尚，白色桌面点缀绿色植物，清新之感氤氲而出。而卧房的色调则皆延续了客厅的沉稳感，但不同的空间因业主性格与喜好的不同，也呈现出差别与层次。

LONDON
Tokio Hotel
SCREAM AMERICA!

The Collision and Blending of Eastern and Western Culture
东西方文化的碰撞与融合

项目名称：五玠坊
项目面积：320 m²
项目地点：上海
设 计 师：潘及
软装设计公司：IADC涞澳设计

Which kind of design style belongs to the contemporary mainstream that it has not only maintained our cultural heritage but also obtained the new era of breath? We always think about this question. In this case, the male homeowner is a financial investor who has returned from studying abroad and influenced deeply by Western education; the female homeowner is a stay-at-home mom who loves art. They share the same hobbies, fond of collecting paintings and photographic works. Therefore, the designers strive to fully reflect their deep taste for art and love for life in spaces. It is just in such context of persons that the designers choose oriental elements in this case. And, the designers try to show the space texture through furniture, fabrics and accessories, and at the same time, taking advantage of some Western means as well as contemporary performance practices to create the rich spatial content. The jumping of colors as well as diversification of materials presents people with a world full of tension and infinite delight. The collision between eastern and western culture endows spaces with a special charm which is as beautiful as the encounter between the male and female homeowners, with countless stories happening and splendid episodes performing here.

什么样的设计风格将成为当代主流，它既保持文化的传承又不乏新时代的气息？设计师常常思索着。本案男主人是一个金融投资者，留学归来，深受西方教育的熏陶；而女主人则是一个热爱艺术的全职妈妈。他们有着一样的爱好，即喜欢收藏画作及摄影作品，设计师希望在空间中淋漓尽致地展现他们对于艺术的品位与对生活的热爱。正是在这样的人物背景之下，在本案中，设计师选择融入东方元素，通过家具、面料、饰品展表现空间质感，同时也利用了一些西方的方式和当代的表现手法来营造丰富的空间内涵，颜色的跳跃、材质的多元化呈现的是一个充满张力与无限解读趣味的世界。东西方文化的碰撞，赋予空间以特殊的韵味，宛如男女主人公之间相遇、相知一般美好，无数个故事将在这里诞生，上演一幕幕精彩的剧集。

ELEMENT COLLOCATING
元素搭配

设计师从男女主人公的文化背景、性格爱好出发，在本案设计中，既萃取了东方的元素，选用一些具有代表性的意象如新中式的桌椅、窗花隔断、图腾符号来传达东方文化中端庄、典雅的意境与韵味，同时也借用了西方的方式和当代的表现手法如色彩的大胆搭配与跳跃、材质的多元化及装饰品的选择，来彰显业主所受的文化熏陶与素养，同时也展现出业主热情、自由与奔放的性情。东西方文化的碰撞，交融呈现出的是一种张弛有度、理性与热血兼具的内涵空间。

装饰艺术品 DECORATIVE ARTWORK

爱马仕（HERMES）是世界著名的奢侈品品牌，1837年由Thierry Hermes创立于法国巴黎，在本案中设计师就运用了“HERMES”的主题，将“马”作为一个符号植入装饰画与工艺品造型中，形态各异、丰富多变。除此之外，设计师还将各种西方的人物画面用于装饰中，将原始与狂放的朋克精神演绎得淋漓尽致。在工艺品陈列方面，设计师运用了具有东方意象的图腾符号和西方极为简约、现代的工艺品结合的表现手法，展现了东方所崇尚的美感与西方的时尚文化。

1887
GOLDEN HORSE CUP

色彩搭配 COLOR MATCHING

从客厅到餐厅采用一脉相承的色彩搭配手法，颇为引人注目的橘色与温润的深浅木色搭配，实际有着较大的跳跃性，将热情、明快与自然、朴素的感受融为一体。三个卧室的色彩搭配也是非常大胆，各具特色。橘色在其中两个卧室中依然是主角，所演绎的格调却迥然不同。而另一个卧室则采用非常醒目的大片枚红色搭配壁纸清新、淡雅的色彩和图案，华丽而典雅。

AKON
Green Date

ATLANTIC
DANCE

Presentation of Urban Simple British Style
写意都市简约英伦风

项目面积：179 m^2
项目地点：上海
设计公司：金元门设计有限公司
设 计 师：葛晓彪
摄 影 师：刘鹰

This is a house of a family of four persons. In order to plan reasonable spatial functions and moving lines, the designer has made transformations to the original house type and effectively enhanced the utilization of space and natural lighting, which has optimized the house structure and function arrangement. In this case, in the interior, the section of solid wood is adopted with the combined color of purplish grey and chocolate; walls are adopted with light grey; floors are paved with natural ordinary wood floorings, with British elements blended, and with character patterns, industrial styling products, metal colored objects, etc. combined, thus creating a kind of British style which is fashionable and full of modern urban minimalist feeling. In order to achieve better visual effects for the overall space, the designer uses colorful paintings, wood carvings and other space images to create an artistic aesthetics and taste, building a relaxed and funny space. In addition, the other inviting point is that whether it is the living and dining rooms or bedroom, study, the designer tries to adopt color matching to render the space atmosphere and therefore create a pleasing home environment.

这是一户四口之家的居所，为了规划出合理的空间功能与动线，设计师将原房型进行了改造，在空间利用率及自然采光等方面做出了有效的提升，优化了房型结构及功能布置。在本案中，室内的实木部分采用紫灰色与巧克力色相结合的色调，墙面采用浅灰色，地面选用自然、质朴的普通原木地板，并融入英式元素，结合文字图案与工业造型产品及金属色的物件等，打造一种时尚且颇具现代都市简约感的英伦风格。为了使整体空间达到较佳的视觉效果，设计师透过色彩斑斓的画作、木质雕刻等空间意象彰显一种艺术上的审美与品位，打造出休闲、放松的趣味空间。另外颇为引人注目的是，设计师无论是在客餐厅还是卧室、书房，都极力采用色彩的搭配来渲染空间氛围，打造令人赏心悦目的家居环境。

ELEMENT COLLOCATING
元素搭配

本案中随处可见的英文符号以各种形式呈现，极具一种变幻组合的美感；以英国国旗图案为背景的运用也是信手拈来，或是抱枕与地毯的选用，或是作为点缀墙壁的画幅，典型的标志格外显眼。同时空间以简约的线条构建，配置外形、轮廓果敢的现代家具，元素与空间恰到好处地融合，将都市简约英伦风格的氛围与特质极富层次地铺陈开来。

装饰艺术品 DECORATIVE ARTWORK

装饰艺术品之于家居空间就如同人的妆容一样重要，空间大景中每个细节的点缀都可能改变其“姿容体态”。本案客厅中的装饰较为简约，四个同等大小以英文字符为表现内容的画框点缀于墙壁，以字母的形态变化凸显活泼的动感与层次之美。而在餐厅中，餐桌上色彩清新、淡雅的植物极具温馨的自然美感，跳跃到色彩明丽的画作，鲜活的艺术视觉体验颇具冲击力。而与画作相对的则是雕刻精细、颇具古典韵味的壁炉架，同时融入镜面元素，时尚与古典之美共铸一炉。

色彩搭配 COLOR MATCHING

本案住宅整体的色彩搭配较为丰富，偏向于明亮色系的选择，但是每个空间区域好像是被赋予特殊的表情，各富特点，在不同的场合营造出适当的氛围。客厅作为家的主要区域，透过紫灰、咖啡色、黑色及温润木色搭配，融合出一种偏沉稳但丝毫不显压抑的空间氛围，而餐厅中，从桌椅的淡雅过渡到画作、餐布的明亮色彩，呈现出跳跃的视觉美感，令人赏心悦目。不同的卧室中，色彩的演绎也是精彩纷呈，甚至是在书房与厨房，设计师也并不忽视，色彩的渲染与拿捏都是贯穿始终的。

家具配置 FURNITURE CONFIGURATION

家具的配置是设计师表现空间质感的重要手法，在本案空间中，所选家具都具有精致的质感，以简约的轮廓与新颖的材质凸显其时尚、洗练的视觉美感，与空间本身融为一体，凸显的是“小家碧玉”式的小资情调，没有张扬、阔绰之态，却多了几份优雅与闲适。

A

LOW CARBON
STOCK
MARKET
FRAUD

Enjoy Brilliant Metropolitan Life
品味卓越大都会生活

项目名称：中航天逸二期F1F2户型
项目面积：177 m²
项目地点：广东深圳
设计公司：香港郑树芬设计事务所
创意总监：郑树芬
软装设计师：郑树芬、杜恒、胡瑗

The designer has high fashion aesthetics and taste. In order to highlight the personality and taste of the homeowner, the designer adopts fashionable and elegant style to run through the whole house, selects exquisite materials and stresses the workmanship, which delicately displayed from the hallway. Urban vitality as well as young lives is infused into this house, making the comfort brought by the experience of living environment and stunning visual enjoyment of the homeowner. staying in the interior, with a corner, it's a world but with different charm. This is just the high-end life in metropolis...

设计师的时尚审美观和鉴赏力相当高，为了衬托业主的个人特质及品味，以时尚、典雅的风格贯穿全室，精选细腻的材质并且严格考究做工，从一进玄关开始细细铺陈。本套设计注入了城市的活力、年轻的生命，让业主体验生活环境带来的舒适感与惊艳的视觉享受。置身室内，一角一世界，魅惑而不同，这就是大都会的高端生活……

ELEMENT COLLOCATING
元素搭配

这个为品位优雅的业主打造的精品家居，无论从哪个角度来看，都是那么精致且富有情趣。从空间框架的梳理到细节的表现，都具有华丽的质感。无论是客厅的沙发，还是餐厅的椅子，或是卧室的沙发椅，都采用天鹅绒布料，令空间的华贵气质全面而真切。为了体现业主浓郁的个人风格，使用了极富冲击力的色彩，浓郁的绿、沉静的蓝、鲜亮的红在不同的空间中，浓墨重彩地演绎着，让空间富于变化，魅力十足。不同色彩的插花与跟这个精致的空间相协调，给生活装点艺术之美。出于对精致生活的追求，不同的区域中也同样使用了较多的同类艺术品，比如现代装饰画、牛角花瓶、中式回形台灯等。

色彩搭配 COLOR MATCHING

浓郁的色彩在这里被大胆应用，更容易营造出靓丽的，出挑而又极具品质的空间氛围、这样的色彩装扮让空间达到了艺术、复古与靓丽的完美结合，也为居室增添了更多的趣味。绿色的复古精致感在客、餐厅空间中被展露无遗，从客厅的深绿色布艺沙发组合到绿色条纹地毯，再到餐厅中的嫩绿色餐椅、书桌支脚等，盎然的绿意带出清丽的奢华风格。

主卧里，宝蓝色在浅色的背景中适时使用，比例精当。葡萄状淡蓝花缀满枝头的墙纸铺满整个床头，高雅而富有生命力；与其相映衬的是蓝底白花纹地毯，羊毛的质地彰显品质；宝蓝色的天鹅绒质地床与单人沙发，高贵而典雅，同时利用米白的床饰划分出视觉层次；另外，蓝色调的花鸟花瓶、摆件、花朵散布在这个空间中，更凸显了沉稳的空间气质。次卧中除了红色的床与床品外，一把红绒布沙发椅凸显于空间中，成为视线的落点。米白格纹软包在浓郁的红色色调中尽显一种经典的品质风情。在这里，鲜亮的红色将空间衬托得更为出众、热情。

Quietly Appreciate the Elegance of Blue Tone

静赏那一抹蓝色的优雅

项目面积：172 m^2
项目地点：浙江宁波
设计公司：金元门设计有限公司
设 计 师：葛晓彪
摄 影 师：刘鹰

The girl homeowner has a kind of petty bourgeoisie taste who returns from studying in the United States, and she always dreams of having a fantasy, elegant and concise ideal residence. The designer in this case creates a different kind of living space for urban new wealthy people by communicating with the homeowner as well as combining with his own unique creativity.

In this case, the designer first considers the overall configuration of the public areas, advocating bright colors which will make the overall home environment full of romantic atmosphere. The design of living room is simple but generous and rich in fashionable personality. White parapet wall, suspended ceiling complement with dark colored sofa, wall top and decorative painting, which gives the space a balanced beauty. The dining room is decorated with a little dandelion, and with purple dining chairs complementing with each other, making the overall space appear simple but extraordinary. As for the design of three bedrooms, the designer more takes brightness and peace into consideration, giving people a mild and gentle feeling.

This residence is filled with extravagance, relaxation and romance, which constitutes a lifestyle with new pop culture meaning, enabling the homeowners to enjoy beautiful blue life in such harmonious atmosphere and to appreciate their quiet time.

户主是一位从美国留学归来并颇有小资情怀的女孩，一直梦想着有一套梦幻典雅而又简约不凡的理想居所。设计师通过沟通并结合自己的独特创意，为其量身定制了这套城市新贵般别样的居室空间。

设计师首先考虑是公共区域的整体配置，色彩上主张色泽明快而又简洁、爽朗，让整体家居环境充满浪漫、温馨的气息。客厅的设计简约、大气而富有时尚个性，白色系的护墙、吊顶与深色系的沙发、墙面、装饰画相得益彰，赋予空间平衡之美。餐厅的构思则用少许蒲公英配饰物作为点缀与紫色的餐椅相互烘托，使整个空间看起来简而不凡。三个卧室的设计则更多考虑以明亮、恬静为主，尽显柔和之美。

整体空间充满贵气感、自在感与情调感，彰显出具有新流行文化意味的生活方式，让业主能够在这种和谐的气息下享受美好的蓝色调生活，品味属于自己的静谧时光。

ELEMENT COLLOCATING
元素搭配

设计师将简约的几何形图案融入设计中，无论是客厅的镜面构成、沙发的抱枕设计还是卧室条纹或是格子的壁纸纹案，都随处可见该元素的运用，意在呈现现代家居的简而不凡，同时结合一些现代的材质如不锈钢、玻璃等来彰显一种凌厉果敢的时尚审美。空间线条的处理上也呼应了现代简约的主题，使得整个空间结构彰显出一种流畅与洗练的形态。另外，雕塑、绘画等艺术元素及以“花草”为符号的自然元素也不经意用于室内的点缀之中，与空间和谐相融。

色彩搭配 COLOR MATCHING

设计师在色彩上主张体现色泽明快而又简洁、清爽，客厅中选用了一组蓝色系渐变色彩的搭配，沙发、靠枕的时尚的湖蓝色演绎着起现代简约的家居风格，可谓当仁不让，同时这种色彩也可调节心情，让人感到放松与舒适。而深蓝色给予人一种沉静、理性之感，墙壁的灰蓝色则起到了平衡与调和的作用。而在餐厅中醒目的紫色则给空间增添了些许梦幻的意味。卧室空间大片的蓝色得到了沿用，同时也运用白色、咖啡色等深浅颜色搭配，使空间富有层次，营造沉稳与清新并存的空间氛围。

装饰艺术品 DECORATIVE ARTWORK

艺术品通常是设计师在空间中植入艺术美学概念和文化内涵的重要手段，同时也是呼应整体环境的需要。设计师在空间中运用现代装饰画点缀空间，不同题材的画面彰显出丰富的视觉审美与寓意，以其独特的装饰语言与环境对话，和谐共存。另外，花卉绿植也被运用到软装饰中，为现代家居氛围增添些许温馨、清新的自然气息，而本案中小型工艺品不经意的陈设也带来无限的趣味。

COSULICH LINE TRIESTE

家具配置 FURNITURE CONFIGURATION

设计师所选家具轮廓简约、洗练，线条的衔接、延伸之处无不呈现出一种爽朗之美，凸显现代时尚元素中明快与果敢的特质。其精致的外观使家具除了实用功能之外，本身也成为一种美的点缀，与空间融为一体。而家具的材质呈现出丰富的多元化选择，铁件、不锈钢、玻璃、布面等多种材质相互搭配、碰撞，尽显刚柔相济的美感，给人多变且富有层次的感官体验。

Dreamy Bay
梦之湾

项目名称：嘉宝梦之湾样板房
项目地点：上海
设计公司：上海乐尚装饰设计工程有限公司

This case is a show flat of "Jiabao Dreamy Bay". As the name implies, designers adopt the romantic and relaxing trait of American style to interpret the essence and main idea of "Dreamy Bay", thus making people get the beautiful feeling of being personally on this space. In this case, the designer uses mild white to present the top and wall space in a splendid manner, thus creating a lightweight, elegant and clear atmosphere. The designers also show their talent on the selection of the overall colors, creating an orderly color collocation which reflects a bright and elegant peaceful beauty. From the living room to the dining room and to the bedroom, the transition and opening of spatial colors and structure do not leave any dilatory or hesitating feelings; instead, they appear smooth and totally blend with each other. It is worth mentioning that the designer shows "new" on the choice of materials, just like the source of living water giving the space a kind of vitality and spirit within touch, which is fashionable and full of connotations, bright but without gorgeous surface; instead, it shows a touch of leisurely concise beauty.

本案为“嘉宝梦之湾”楼盘的一个样板房项目，一如其名，设计师采用美式风格中浪漫与休闲的特质来诠释“梦之湾”的精魂与要义，让人领略身临其境的美妙之感。乐尚设计在本案中以恢弘的气度，采用柔和的白色铺陈顶部与墙面空间，以此为基调营造一种轻盈、素净的空间氛围。而在整体色彩的把握上，亦是游刃有余，丰富的色彩搭配丝毫不显紊乱，却处处彰显出一种明亮、雅致的宁静之美。从客厅到餐厅再到卧室，空间色彩、结构的起承转合都不留拖沓、犹疑之感，而是做到流畅、浑然相融。值得一提的是，乐尚设计对于材质的选择，体现出一个“新”字，如同那活水源头，赋予空间一种可触碰的灵气、神采，时尚且富有内涵，亮丽却非表面之华彩，反有一股凝练而出的恬淡之美。

ELEMENT COLLOCATING
元素搭配

在这个时尚而尊贵的现代居家里，各种丰富的元素仿佛被调和成一杯浓郁、香醇的美酒。温暖、精致的布艺，不同材质与功能的时尚家具，造型各异的灯饰，题材丰富的装饰画、饰品，清新、淡雅的花卉植物被运用到软装之中，丰富的感官体验与舒适而实用的功能性完美结合，设计师将华贵却不浅浮的设计语汇贯穿、融汇于整个空间，如同一种恢弘的叙事手法，将现代人由内而外的追求与品位搬上生活的银幕，打造出一个多姿多彩的现代居住空间。

色彩搭配 COLOR MATCHING

本案中整个墙面与顶部空间以轻盈的乳白色铺陈，一层客厅的色彩搭配整体比较雅致，沙发的米色优雅大气、清爽宜人，搭配浅绿色地毯又洋溢着纯净、浪漫的气息，橘色的座凳与地板色彩相似，为整个客厅增添了些许温馨。餐厅中椅子的淡蓝与餐桌的深色对比搭配，墙壁以色彩多变的几何形拼图画作为点缀，整个空间充满了浪漫、休闲的情调。而二层客厅与书房则采用了较为沉稳的色彩搭配，但凭借深浅色彩的过渡和开放式格局设计，空间因此令人倍感舒适。卧室的色彩整体温暖、清新，但也根据不同业主的性情与需求有着不同的色彩选择。

家具配置 FURNITURE CONFIGURATION

本案定义为美式风格，美式精神中特有的自由、休闲与浪漫情调在家具的线条与轮廓中足以体现。这类家具大多在体积上以厚重的量感呈现，线条的勾勒以磅礴、粗犷显势，而家具凭借淡雅的色彩彰显出一种大气的优雅和休闲式的浪漫气质。除此之外，家具优厚的质地也有助于提升整个空间的气场，所选家具的材质无论是布面还是皮革，无不柔软、温润，当然不锈钢与实木、玻璃的结合同时也凸显时尚、硬朗之美，刚柔相济、迂回婉转的层次之美流淌而出，成就了一场“流动空间的视觉盛宴”。

装饰艺术品 DECORATIVE ARTWORK

丰富的现代艺术装饰画点缀于每个空间区域，抽象或是具象的，动态或是静态的画面所传达的内容都各富特色，但画面的色彩、题材所产生的装饰效果与环境都恰到好处地相融。比如在二层的酒吧台中，设计师选用了急速行驶或游泳这样的动态画面，来点缀“酒吧”这种休闲娱乐的场所，与环境相呼应。而在儿童房中则选择了或嘻哈或纯真的人物意象来点缀空间，可见其差异化的处理手法。另外，随处可见的花卉绿植，赋予家居环境清新的自然气息，给人美的享受。当然，工艺品自然也少不了，既趣味横生又极具审美价值。

CUBA

Interpretation of Modern Simple Style
演绎现代简约时尚风

项目名称：融汇江山
项目面积：210 m²
项目地点：福建福州
设 计 师：林元娜、孙长健
软装配套：金德易家软装设计

This residential space is full of modern minimalist atmosphere. The warm colors as well as materials provide the homeowners with leisure and comfortable atmosphere. The highlight jumped from the whole landscape also shows its feature in details. Designers in this case not only pay attention to the texture of material itself as well as the configuration effect of colors but also give a complete conception to functional layout and spatial organization. In addition, on the division of spaces, designers also take function and ornamental value into consideration, which has increased the proportion of the living room on the basis of theme style. And, they also design a number of different leisure areas which bring in comfortable enjoyment and make minds get the purest release in spaces.

这是一套充满简约现代气息的家居空间，暖性的色调及材质带给居者休闲、舒适的氛围，而大景之中跳脱出来的一抹亮点也在细处彰显着个性。设计师不仅讲究材料自身的质地和色彩的配置效果，对功能布局和空间组织也进行了完整的构思。空间的划分兼顾了功能性和观赏性，在主题风格的基础上加大了客厅的比重，并设计了多个不同的休闲区，由此带来的惬意享受，让心灵在空间中得到最纯粹的释放。

ELEMENT COLLOCATING
元素搭配

现代软装构成元素主要为家具、灯饰、布艺织物、饰品、花艺及绿化造景，在本案中软装效果主要通过家具、灯饰、装饰艺术品等方面着重体现，家具的选择通过不同材质、造型的混合搭配、过渡，呈现出不同的质感和多变的层次之美。灯饰作为营造室内光影效果的重要手段，设计师精心挑选，在每个空间区域都展现了形态各异、外观精致的灯具，体现装饰的差异性效果。而装饰画在现代装饰中愈加受到重视，设计师以选取不同技法表现的相异题材的画面来传达艺术审美的丰富性。在本案中，多重元素糅合而成的是一个充满现代气息的家居空间。

灯具的选择与灯光效果

CHOICE OF LAMP & LIGHTING EFFECT

本案虽无大型豪宅的奢华气质，但无处不在的精致之美却是它吸引人的地方，透过设计师对于灯饰的选择就可见一斑。“身姿婀娜”的水晶吊灯使客厅尽显华贵与典雅，而在小型休闲区中，用一盏简约的现代小吊灯作为装饰再好不过，静静的时光就如同它投下的朦胧灯影。餐厅中的灯具造型以“蜡烛”灯盏组合，总体造型与圆形天花板、桌面完美搭配。从餐厅到卧室过道的天花板上则点缀着“树叶”形状的灯饰，白色的柔光依其内部的造型线条散发而出，更彰显出一丝幽谧、宁静的美感。

装饰艺术品 DECORATIVE ARTWORK

装饰画是一种起源于战国时期的帛画艺术，并不强调高超的艺术性，但非常讲究与环境的协调和美化效果的特殊艺术类型作品。本案中，设计师在空间多处点缀了不同题材、技法的装饰画作，以美化环境和满足现代人的审美趣味。比如在餐厅中点缀两幅以工笔技法勾勒的人物装饰画，与瓷器的装饰品搭配，颇具现代中式的古朴韵味，这也正是餐厅所呈现的格调。

Gorgeous French Style
馥满优雅，法式华彩

项目名称：成都奥威尔花园洋房样板房
项目面积：145 m^2
项目地点：四川成都
设计公司：重庆尚辰建筑设计有限公司
设 计 师：李波、贺有直

In this case, the overall interior is adopted with white and blue as the keynote. Entering the living room from hallway, people will be attracted by elegant blue soft decoration accessories which become the visual feast. The perfect color proportion in the whole space allows this house to jump from the fixed appearance of general mansions, which shows more fresh and clean elegance and uniqueness, gives the space a new aesthetic vitality and shows a distinct personality of this mansion. The mysterious gray-brown wooden floorings help create a romantic space and the elegant silver-blue color is transformed into the peaceful lake water, thus making the whole atmosphere present a warm and restrained sense of luxury, without the gaud of general mansions but getting more quality, fresh touches. In addition to the due magnificent and top equipments, the house also shows a kind of unique honorable value.

本案室内整体基调为白色及蓝色，通往玄关进入客厅后，优雅的蓝调软装配饰形成惊艳视觉的盛宴。整个空间的色彩搭配完美，跳脱出一般豪宅的固定样貌，多了一分清新、自然的别致，赋予空间新美学的生命力，展现了大宅鲜明的个性。棕灰色木地板勾勒出浪漫的空间，淡雅的银蓝色转化到恬静的湖水中，整体氛围呈现出一种温馨、内敛的华贵感，没有一般豪宅的艳俗，多了一分质感的清新触动，除了应有的富丽堂皇、顶级设备外，展现出独一无二的尊荣魅力。

ELEMENT COLLOCATING
元素搭配

当优雅浪漫与清新自然邂逅时，便创造出典雅高贵、休闲轻松的法式家居风格。整个居室在明净的蓝白调的主宰下，一派静谧、平和的气氛悠然而出，奏响一曲轻松、欢快的歌。这里田园气息无处不在，娇艳的鲜花和绿植缀于每个空间，各种植物图案、花鸟图以及鸟笼与鸟的工艺品，带给人一阵阵扑面而来的自然气息。纯净的或白或蓝的窗幔、窗纱，优雅的弧度设计，在明媚的阳光下随微风轻轻荡开，上面镶嵌的水晶清脆作响，一切是那么浪漫而华美。

色彩搭配 COLOR MATCHING

蓝白主色调大面积地展现于空间硬装、软装上，晶莹剔透的白色尽显轻盈的质感，创造梦幻般的仙境，搭配优雅烂漫的蓝色调，使视线若有所依，营造出轻松、温馨、浪漫的空间氛围。空间中，蓝色、白色的软装饰定下优雅、舒适的基调。配饰也以蓝白色呈现，白色的、蓝色的花瓶，白色的吊灯、鸟笼，蓝色的台灯、玻璃杯等，再搭配娇鲜欲滴的鲜花，成就了一场惊艳视觉的空间盛宴。

装饰艺术品 DECORATIVE ARTWORK

随处可见的花朵元素，各种动物造型和工艺品，赋予空间自然的气息，好像处在无拘无束的大自然中，自由、惬意。花朵蔓延到壁纸、家具、地毯和画框，奠定了整体空间优雅的格调。动物造型的装饰品和布艺给空间带来了活力和立体感，幻化出惊艳的美。

家具配置 FURNITURE CONFIGURATION

为彰显空间的优雅与生活品位，家具的选择非常重要。客厅中两把造型新颖的欧式线条沙发椅，极具王室风采，让人在这里尽情享受王子、公主般的待遇，为生活平添了一份贵气与美好。编制形状的书架，鸟笼状的搁置架，彰显出业主对精致生活的追求。茶几、衣柜、桌子、床等皆采用白漆木材质，布艺沙发、凳子也是白色实木包边，这样的搭配跳脱出一般豪宅的艳俗，多了一份富有质感的清新与触动，展现了豪宅的个性自然美。

PARIS

Modern European Style – Reflecting Nice and Romantic Feelings

现代欧式，彰显唯美浪漫情怀

项目名称：惠州中洲中央公园
项目面积：126 m²
项目地点：广东惠州
设 计 师：温旭武、黄怡仁
软装公司：深圳壹叁壹叁装饰有限公司

Every city has its unique landscape that some show standard steel and concrete while some present exotic flavor remained from last century. It will cause aesthetic fatigue when always see the landscapes of the same city. Therefore, it will give a different kind of romantic feeling when implanting European-style flavor into modern city. In this case, the designers use a series of European-style decorative elements to create a kind of elegant and natural temperament. Creating leisurely and romantic feeling is the central theme of this case. The use of soft decoration of European elements, such as furniture, printed carpets, gauze curtains and other accessories, helps create a quaint European flavor which matches with modern simplicity perfectly, formed smoothly. This style reflects the simplicity and practicality that modern life needs, and also has traditional European style, which is lively and full of charm.

每个城市的风景都不一致，有的是标准的钢筋水泥，有的是上个世纪遗留下来的异域风情，同一个城市的风景看得多难免会乏味。因此，不妨试试在现代的城市中植入欧式风情，会有别样的浪漫感受。本案通过一系列极富欧洲风情的装饰元素，倾力打造一种典雅、自然的空间气质。打造闲适、浪漫的情调是本案的中心主题。运用欧洲元素的软装配饰，家具、印花地毯、薄纱窗帘等营造出了一种古朴的欧洲风情，与现代简约完美配合，一气呵成，既体现了传统欧式风格，又兼具代生活所需的简约和实用，富有朝气、韵味十足。

ELEMENT COLLOCATING
元素搭配

整个设计透着清新的气质，崇尚简欧的韵味，设计师将时尚精美与实用融入其中。空间运用现代简约的主元素，融入了欧式经典的生活元素。沙发、床、印花地毯、薄纱窗等欧洲元素的软装营造出了一种浪漫、惬意的欧洲风情。地毯的舒适脚感和沙发典雅的独特质地与简化了欧式线条的白色木质家具的搭配相得益彰。装饰中植入现代工艺品、植物、西式餐具等细节元素来营造浪漫。玄关、客厅、餐厅，每个角落都精心搭配与环境合宜的艺术盆栽，自然的氛围丝丝入扣，同时也赋予了一份随性与轻松，简单又不失品位。

色彩搭配 COLOR MATCHING

空间整体以白色、淡色为主，用简约素净的背景色来映衬现代风格的自然本色。客厅、餐厅在单纯的底色中运用黄、褐、黑等自然色烘托温馨的质感，另外用亮丽的色彩作为点缀也必不可少，比如激情与华丽兼备的大红抱枕、印红花地毯，可渲染出空间的奇幻与鲜活，并能增添细节与层次。而卧室的色调各不一样，拥有不同的气质。于白色中点缀天蓝色男孩房，让空间有着简单、沉静的天然气质。主卧中，白色木柜与纯棉家纺自然质朴的色彩形成和谐呼应，局部以明红、深紫、淡墨，并经由米黄色调过滤，使家居空间仿佛被如花的时光萦绕，自然、典雅之余迸发出无限的活力。

家具配置 FURNITURE CONFIGURATION

为营造典雅的简欧氛围，选择的实木家具及餐桌椅都有着简化的西方复古图案。曲线线条顺滑，搭配圆弧形的暗色布艺沙发，意在营造出雅致、舒适的客厅氛围，而晶莹透亮的金属玻璃材质柜在两旁带来新时代的全新气息，与材质相同的电视机柜相协调。

One Space with Two Expressions
一个空间，两种表情

项目名称：保利公园九里E601样板间
项目面积：128 m^2
项目地点：广东广州
设计公司：卡络思琪空间艺术
设 计 师：邓丽司

The combination style of Chinese and Western elements always has a reason to follow, which just abstracts some habits from Hong Kong-style life, such as straight lines and concise furniture materials , suitable for the settle of modern urban life and also come from the traditional Chinese culture. The overall color is mainly adopted with brown and red, which shows slightly mature sense, with the occasional use of silver grey tones and golden mirror steel to reconcile, thus having lighted the colors, which just like specks of vitality is jumping on the restrained and rigorous tone, not high-profile. The most noteworthy point is the appearance of master room, which presents a kind of elegance and calmness of old British gentleman. All the the leather, velvet, binoculars and hat have strong classical taste, but when people look up, they will find embedded lamps, which appear contradictory but do not conflict with each other, nor pursue luxurious vision blindly. Luxury is originally out of high-end demands of life, which is reflected in the pursuit of perfect texture and details.

中西合璧的风格全部都有因可循，正好从港式味道的生活中提炼出一些习性来，例如笔直的线条和简练的家具用料等，适于现代城市生活节奏的安放，同时蕴含着传统的中华文化。整体空间色调以褐色和红色为主，略显成熟，偶尔用一些银灰色调和金色镜钢来调和，提亮色调，好像在内敛而严谨的基调上，却有星星点点的活力在跳动，但绝不张扬。最值得点出的是主人房的模样，隐约中有一份英国老绅士的优雅和从容，皮具和天鹅绒，望远镜和礼帽，尽显古典韵味，抬头一看却是内嵌式灯饰，矛盾但不冲突，不一味地追求豪华的视觉，奢华本是出于对生活的高端诉求，体现在极力追求的完美质感和细节上。

ELEMENT COLLOCATING
元素搭配

整个空间是现代港式的设计风格，钢琴烤漆质地的茶几和角柜，线条简练笔直、时尚靓丽；与此同时，低调的红木家具、婉约的回纹屏风，蕴含着传统的中华文化，中西合璧，令人向往。家居饰品也一样，钢镜包边的现代艺术装饰画和水晶器皿渲染了居室的风格；皮具、天鹅绒、望远镜、礼帽、松果瓷器等，无不散发着浓郁的古典韵味，烘托出居室的格调，平衡了居室内色彩、图案、明暗、大小等多方关系，实现了一个现代空间高贵与品位的平衡。

色彩搭配 COLOR MATCHING

空间整体以现代港式的咖啡色系融合白色和黑色的时尚搭配，略显成熟，偶尔用一些银灰色调和金色镜钢来调和，提亮色调。在选材时以银色铝材与较重色系组合，为空间塑造出简净、个性的视觉感官。黑色烤漆的利落、白色的洁净是本案的绝妙之笔，好像是在内敛而严谨的基调上，呈现出星星点点的活力，但绝不张扬，提升了空间的生活品位。

家具配置 FUNITURE CONFIGURATION

采用港式家居常用的米色、灰暗素雅色彩和图案的布艺沙发，通过沙发靠垫尽可能地调节沙发本身的刻板印象，色彩跳跃一些，但只比沙发本身的颜色亮一点儿就可以了。床上用品运用多种面料来营造层次感和丰富的视觉效果，比如羊毛制品、毛皮、天鹅绒、纯棉布料等，高雅大方，既调节了卧室或者客厅的整体印象，又与整个居室协调、一致。

Gergeous and Fashionable Charm
华丽的时尚魅影

项目名称：常州九龙仓 · 凤凰湖墅
项目地点：江苏常州
设计公司：上海乐尚装饰设计工程有限公司

This case is a villa of Changzhou Wharf · Phoenix, which enjoys advantageous geographical conditions. In order to get a perfect joint with the outdoor lucrative background and to create a comfortable and romantic home for homwowners, designers use colors, materials and accessories as the medium, thus establishing a gorgeous shiny space in a full range. The residence is the reflection of the homeowners' personality and temperament. The interior space is connected by a gradation of purple color, which shows mysterious romance and noble, elegant tolerance. Purple is a kind of rarely used color, but in order to resonate with the homeowners' identities, designers boldly uses the ingenious transition of the change of shades of colors to present the sense of layering without any depressing feelings. On the choice of materials, the designers try to select fashionable and bright new ones so as to create space texture. Besides, they also build a world full of bright colors through proper tensioned images, talented fashion statement and timeless artistic temperament, whcih will undoubtedly make people lost in a gergeous visual feast.

本案为常州九龙仓 · 凤凰湖墅，拥有优越的地理条件，为了和室外的优渥背景有一个完美对接，为业主营造一个舒适、浪漫的家，设计师以色彩、材质和配饰作为媒介，全方位打造一个华丽、闪亮的空间。家居空间是业主的性格和气质的体现，室内以深浅有致的紫色串联连空间，彰显出神秘浪漫、尊贵优雅的气度。紫色是较少见的使用色彩，为了配合业主身份，设计师大胆采用，利用颜色的深浅变化巧妙过渡，不至于沉闷且呈现出层次感。材质选择上，也极力选用时尚、亮丽的新材质来营造空间质感。设计师透过张弛有度的画面语汇、才华横溢的时尚宣言和历久弥新的艺术气质构建了一个流光溢彩的世界，无疑令人沉浸于一场华丽的视觉飨宴中。

ELEMENT COLLOCATING
元素搭配

本案如同一部鸿篇巨制般的影视剧一般，“时尚大牌”齐聚一堂，演绎一场丰富的视觉盛宴，精彩、缤纷，每一处都好像精致、耀眼的展览橱柜，设计师将自然、艺术、生活中的各种元素融合整体空间中，比如花草、雕塑与绘画、时尚的家具等，旨在以不同范畴的美学意象打造一个时尚、靓丽的现代之家。同时，以欧式线条勾勒空间，呈现出层次之美，与丰富的时尚语汇相呼应，使得各种元素在空间载体中相得益彰。

色彩搭配 COLOR MATCHING

紫色是空间设计中不常见的使用色彩，本案中设计师却突破常规，在各个空间区域中大量使用紫色，将“紫色”作为华贵象征的寓义大胆融入设计表达中，彰显出业主与众不同的气质与品位。同时，利用其他色彩的深浅变化、巧妙过渡，来调和空间的整体视觉效果与氛围，营造出丰富的画面层次。

装饰艺术品 DECORATIVE ARTWORK

“天人合一”的思想自古有之，在现代人的内在需求中，更为渴望与自然的相融。设计师由此在室内各空间区域中布置了大量的花卉绿植，赋予空间清新之感，同时调和室内时尚的元素与氛围，令人倍感温馨。另外，大量以现代手法勾勒的艺术画作被用于装饰中，是设计师彰显空间内涵的重要手段，画面中所呈现的或现代、时尚，或优雅、宁静，或浪漫、休闲的韵味，颇有动静相宜、情境多变的趣味，同时这也是业主品位与修养的体现。

Cool Blue Space
沁心凉的蓝调空间

项目名称：保利公园样板房
项目面积：128 m^2
项目地点：广东珠海
设计公司：卡络思琪空间艺术
设 计 师：邓丽司、唐棠

Pushing the door, people will be attracted first by the blue and white color. Large areas of white and blue appear in every corner, making people feel like living under the blue sky and can still enjoy the beautiful scenery of sky blending with sea into a line even behind closed doors. On the colors, the designers make lots of efforts to get the contrast and combination of different degree of blue and white performed to the extreme, using pure white as a background to better highlight other colors. The harmonic ratio of various colors helps creates a house of freshness in the city, making people's minds wander in refreshing colors and encouraging people to pursue freedom and peace.

推开门，蓝白相间的色调搭配映入眼帘，大片的白色与蓝色渗入家居的每一个角落，即使关起门来也犹如活在蓝天白云下，看见海天一线的辽阔。设计师在颜色上大造文章，把蓝与白不同程度的对比与组合发挥到极致，纯净的白作为底色，更好地将其他颜色凸显出来。各种颜色的比例恰到好处，缔造出城市之中一屋的清爽，让心灵可以在沁人心脾的颜色里徜徉，去追逐自由与平静。

ELEMENT COLLOCATING
元素搭配

设计师旨在打造出浪漫的地中海风情，营造出别样的清凉感受。因此，选择纯美蓝、白调来实现，而白色与蓝色渗入家居的每一个角落。客厅中的墙面，都被满满的壁纸贴满。蓝白相间的壁纸绘制出一幅幅精美异常的图画，画中的天使和平、安静，在祥和之中流露出满心的清凉。沙发背墙上饰以精致的瓷碟，或纯白或刻印着花纹，将空间点缀得极富艺术感。设计师在细节处改造了原有空间的气质之后，加入了奢华与优雅的元素，如水晶吊灯、深蓝色的宫廷窗帷和欧洲贵族风格的餐具等，保留整个空间清新、浪漫的氛围之余营造出高贵、典雅的韵味，两全其美。仿若青花瓷一般的空间里，成就了醉人的梦幻境地。

家具配置 FURNITURE CONFIGURATION

在家具的选择上，以实用和美观为主要原则，并且非常注重其与整个空间的协调搭配。客厅中，纯白色的沙发，搭配灰色的或者蓝色的抱枕，十分优雅、素净。坐在其上，像陷入云朵中一样舒适、柔软。靛蓝色的沙发凳与墙相呼应，令空间更显洁净澄明。其他功能空间中的家具也以白色为主调，承接着客厅简洁优雅的风格，与蓝色相搭配，将空间的统一性与整体性彰显出来。

色彩搭配 COLOR MATCHING

蓝、白色是地中海风格家居设计中最深入人心的色彩搭配，设计师在此挑选了这两种纯美的色彩进行打造。在白的底色下，不同深浅程度的蓝色或清新，或雅致，或浓郁，在这个空间以不同的姿态进行演绎，有清新的青色花纹壁纸，有高雅的青花瓷器，有高贵的蓝紫窗帘……蓝、白色彩的的组合在不同的功能区中比例不同，但搭配却恰到好处，将这种纯美的海洋氛围渲染到极致，让心灵尽享碧海蓝天的清爽，领略艳阳高照的纯美自然。

装饰艺术品 DECORATIVE ARTWORK

配饰的选择与搭配，是本案设计的一大亮点。随处可见的贝壳元素填充在室内的各个位置，使家居更具碧海蓝天的味道。贝壳组合的花朵有的盛放在客厅，有的以花环的样子做成鹦鹉的笼子，有的装饰在相框周围，有的摆放在陈列柜和书架中。贝壳的装饰品点缀在空间中的各个地方，使海的主体性更加鲜明。清新的味道飘然而出，仿佛有海风拂过。同时还有青花瓷的瓶身和碗碟，蓝白的色调和整体设计一致，又为其增添了一抹情趣和内涵。许多纯白色的鸟儿装饰品，摆放在不同的角落，营造出一份自然之美。恰到好处的饰品，宛若房间中完美的妆容，彰显品位的同时，进一步烘托了主题。

中式工装

CHINESE-STYLE
NON-HOME DECORATION

Taste the Royal Charm of Purple Nanmu Clubhouse
品金丝楠之皇家气韵

项目名称：茗古园 · 金丝楠木汇馆
项目地点：福建福州
设计公司：福建品川装饰设计工程有限公司
设 计 师：陈杰
摄 影 师：周跃东

The quaint space not only presents people with a visual experience but also gives people a kind of pleasure from their inner world. Ming Gu Yuan · Purple Nanmu Clubhouse is such a place like this, of which the furniture and furnishings are the blending of inspiration that they interpret the essence of traditional Chinese culture with their elegant colors and lines as well as express their unique charm with tea-like sweetness after bitterness. Entering this space, people will feel as if stepped into another different realm, and would be lost in this enshrouding context full of art and civilization.

In Ming Gu Yuan · Purple Nanmu Clubhouse, no matter walk or stop for a while, people will always get sequential thoughts because of the fusion of materials and sentiment formed here. The designer enlarges the leisurely details assertion into a miniature of traditional life, which seems like a return from sensorial bustling to the plain, but actually opens a brilliant scene.

古朴的空间不仅是视觉的体验，更是一种发自内心的愉悦。茗古园 · 金丝楠木汇馆便是这样一个场所，空间中的家具以及陈设都是灵感的汇合，它们以典雅的色彩和线条诠释着中国传统文化的精髓，并以清茶般的“苦后回甘”来彰显自身的韵味。进入其中，仿佛走入另一重境界，身心不自觉地摇曳在艺术与文明的氤氲情境之中。

在茗古园 · 金丝楠木汇馆里或走或停，人们的思绪不会出现断层，因为材质与情调在这里融为一体。设计师用淡定、从容的细节主张，放大成传统生活的一个缩影，看似从感官上的喧嚣中回到朴实、无华，实则拉开一幕精彩的篇章。

ELEMENT COLLOCATING
搭配元素

茗古园·金丝楠木汇馆位于汉唐文化城对面的小巷子里，主营金丝楠木家具。金丝楠木被誉为国木，历史上专用于皇家宫殿、少数寺庙的建筑和家具，古代封建帝王龙椅宝座也都要选用优质楠木制作，由此，它被赋予了一种厚重的历史价值。设计师在本案的设计过程中，以此作为设计思路，通过各式的中式建筑构件、金丝楠木家具、陶瓷工艺品、书法作品、艺术收藏品等元素来打造一个如同“金丝楠木”本身一样古朴而富有深刻韵味的空间，让人领略丝丝清幽与典雅，值得细细品味。

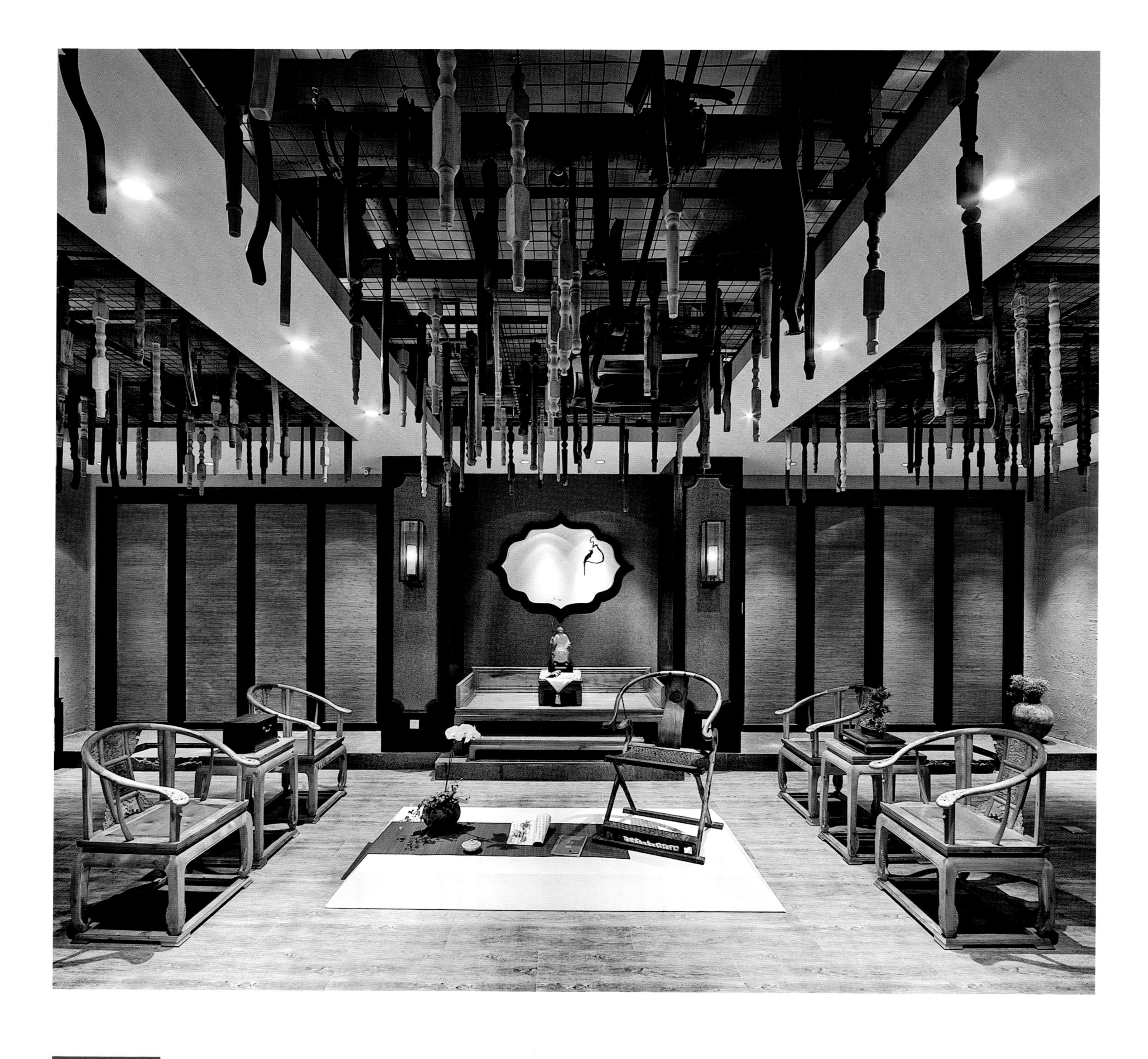

家具配置 FURNITURE CONFIGURATION

本案的主题空间用于展示以金丝楠木新料为主制作的家具，这些家具的设计在历经几千年文化洗礼之后，至今仍是风姿绰约。它的存在，诠释着一种风情，代表了一种文明。主题空间的背后设置了一个书房家具的展示间，以金丝楠木老料为主，其拙朴、自然的色彩给人一种温馨、亲和的感觉，如同一段段充满故事的生命，时间的痕迹清晰可见。

装饰艺术品 DECORATIVE ARTWORK

进门后的玄关墙以各式中式建筑构件作为装饰，这些物件有着不同的纹理质感，雕琢细腻而精致，层层叠叠地组合在一起，丰富了墙面的层次并带来了微妙又似曾相识的体验，像一种古老的密码，有着神秘的传说。同样，在本案的主题空间上方也以老建筑楼梯式样的构件作为装饰，如同“冰凌”一般垂悬而下，有着巧夺天工的技艺美感。而书房家具展示间的草书字幅，以其运笔放纵、气势万千彰显出一种奔放不羁的审美价值。

積健為雄

Oriental Beauty & Cantonese flavor
浓郁的东方之美，洋溢潮粤风情

项目名称：深圳彭年酒店潮泰轩食府
项目面积：3000 m^2
项目地点：广东深圳
设计公司：PLD刘波设计顾问（香港）有限公司
设 计 师：刘波

Shenzhen Panglin Hotel Chao Tai Xuan is the famous catering group company, of which the traditional elegant Chinese interior decoration displays strong Cantonese flavor. The designer of this case mixes modern feeling with the elements of oriental context, interpreting the essence of traditional Chinese culture in the changing mixture of alternate of modern materials, combination of space segments, simulation of modeling imagery and soft furnishings, which has conveyed generous and profound oriental context and also full of contemporary aesthetic forms. Unlike the general sense of generousness and antique feeling of New Oriental space, it emphasizes more on the creation of furnishings, configuration and the cultural atmosphere of business spaces, and stresses on the control of the taste of space, which simplifies the traditional Chinese elements and at the same time shows the oriental context.

深圳彭年酒店潮泰軒食府是深圳著名的餐饮集团公司，食府内部传统的中式典雅装修风格，洋溢着浓郁的潮粤风情。设计师将东西方元素混搭，在现代材质的穿插、空间体块的组合、造型的意象模拟和软装陈设的百变拼盘中诠释了中国传统文化的精髓，传达了大气、深邃的东方意境，并极具当下的审美形式。有别于一般意义上新东方空间的华丽感和复古性，更讲究陈设、配置和对商务空间中人文气息的营造，着重于彰显空间的品位，在精简传统中式元素的同时，又不失东方意境。

ELEMENT COLLOCATING
元素搭配

粤菜是我国著名菜系之一，它的形成有着悠久的历史。本案是一家潮粤风情餐厅，该餐厅期望宾客在舒适、优雅的空间享受美食的同时感受传统佳肴所蕴含的东方文化精髓。设计师在这里将东西方元素混搭，诠释了中国传统文化的精髓。室内设计完全呈现出建筑中式的基本形态，深色、大红柱、青砖、回纹这些都是唤醒历史记忆的元素，所有基础表现元素和表现形式均是在传统文化中寻觅得来：紫砂壶、铜件、灯笼、水墨画、实木官帽椅、青砖、粗狂的大理石……同时，穿插的现代家具和工艺品完全没有阻碍整个氛围的营造，相反它们证明了传统的经典是这般回味悠长。

灯具的选择与灯光效果

CHOICE OF LAMP & LIGHTING EFFECT

一盏盏富有东方特色和文化内涵的灯饰悬于天花板上，挂在墙壁上，错落有致，韵味十足。设计师选用的是中式仿羊皮灯，线条柔和，色调温馨，装在餐厅里，给人温馨、宁静的感觉，多以圆形与方形为主。圆形的灯大多是装饰灯，起画龙点睛的作用，用在前台、休闲茶室等较宽阔的空间中，大气又极具装饰感；方形的仿羊皮灯多以吸顶灯为主，外围配以各种栏栅其他及造型，悬挂在包厢中古朴端庄、简洁大方。此外，设计师十分注重光线的明暗冷暖，使得空间充满浓浓的温情，将用餐者的感官浸泡至柔和而宁静。

装饰艺术品 DECORATIVE ARTWORK

水墨灯韵、古瓷檀木等饰品营造出来的沉稳、悠远的意境，让温婉、雅致的东方文化在此淋漓尽致地铺展。前台、过道、包房的木格博古架上，陈列着大量的紫砂壶，形态大小各异，光身壶、花果型、方壶、筋纹型、陶艺装饰壶等让宾客感受到浓厚的禅茶文化，提升了设计格调。水墨画意境挥洒似行云、飘渺似仙、博大似鸿，往往将人们带入幽幽神往的意境之中，设计师选取不同意境的水墨画与不同的环境与家具融合，让空间成为具有人文气质的餐厅，而过道博古架中央的那幅尤为让人赞叹，传统的黑墨图景上大量鲜红的笔触，让画作形成新的视觉映像，彰显出传统的艺术美，也打破了这个深色调空间的沉闷感。

Indulge in Mountains and Waters
纵情山水之间

项目名称：黄山元一大观山水间SPA会所
项目面积：2500 m²
项目地点：安徽黄山
设计公司：上海胜异设计顾问有限公司
设 计 师：姚胜虎、朱寿耀、叶作源
摄 影：周跃东

Shan Shui Jian SPA Club of Huangshan Grand View is located in the northwest of Huangshan Grand View, facing Xin'an River. The name of "Shan Shui Jian" is from the mood of this view, meaning between waters and mountains. The designers aim to create a tranquil life-maintenance place with oriental Zen, thus enabling people to relax mentally and physically as well as to appreciate the essence of life here. Based on the achievement of supporting functional areas, the designers introduce the housing philosophy of Chinese architectural tradition into the spatial layout, using the expression practices of neat antithesis, order in the array, winding path leading to quietness, changing steps bringing different landscapes, etc. to present various functional areas of Shan Shui Jian SPA Club with privacy and serenity.

The reception hall is designed to be the soul of this case, and its deep and soft tones combines with the dynamic natural elements, thus enabling people to feel the mysterious oriental culture and at the same time to get an expectable moving. Here, nature means everything, making people linger on it.

黄山元一大观山水间SPA会所位于黄山市元一大观内的西北角，面朝新安江。取名为“山水间”就是借用其中的意境，意在“山水之间”也。设计师旨在营造一个充满东方禅意的静逸养身之所，在山水之间放松身心，感悟生活的本质。本案在满足各配套功能区的前提下，设计师针对空间的布局，引用了中国建筑传统的人居理念精神，以对仗工整、阵列之次序，曲径通幽、移步换景等表现手法赋予了山水间SPA各功能区的私密性与宁静感。

接待门厅的设计是本案的灵魂所在，深沉又柔和的色调和灵动的自然元素相结合，使人们在感受到神秘的东方文化同时也对山水间SPA的内在有了一份可以期待的感动。在这里，自然方是一切，令人驻足流连。

ELEMENT COLLOCATING
元素搭配

《论语·雍也篇》中这样写道，“智者乐水，仁者乐山”，一语道破了“山水”之间的智慧，或悠然、安详，或宁静、伟岸。设计师将山水的意境赋予温泉会所，再好不过了，不仅吸收山水之灵气，也有汲取智慧于自然的内在寓意。于是，设计师从此寓意中获得灵感，在空间中融入中国传统文化的元素，借由青砖黛瓦、水榭亭台、明式家具、山水画作、古朴灯饰、各种中式纹样的运用等，意欲营造一份修身养性的宁静氛围。每一个功能区的布置都通过这些意象的融合，呈现造出不一样的空间面貌，却无不都传达一种恬淡自适、素朴安然的场域情境，让人在享受温泉养生的同时，亦能领悟其中的浓郁的文化韵味，受到内在的启示。

装饰艺术品 DECORATIVE ARTWORK

设计师为了在空间中融入山水间的意境，在装饰画的选择方面也颇为注重，皆围绕主题铺陈。比如作为中国吉祥象征的“鱼”，在画作中呈现出逼真的动态感，让人不禁想象“鱼翔浅底，岸芷汀兰”的自然场景；而以“山峦”作为主题的画面则彰显出一种山之静默与伟岸的深沉大美，就如同中国文化几千年所沉淀出的厚重底蕴一般。此外，设计师也擅长以中式纹样装点空间，无论是家具上精致细腻的花纹还是按摩室天花板处密布的图案纹理，都流露出浓郁的古韵遗风。

休息厅
RELAXATION AREA

灯具的选择与灯光效果 CHOICE OF LAMP & LIGHTING EFFECT

本案中灯饰是一大亮点，设计师借用不同造型与材质的灯具装点不同的空间，对于空间氛围的营造起到至关重要的作用。材质方面，有仿羊皮的，也有融入铁艺的；造型方面，有圆润的，也有简约的，但无不以颇具古典韵味的整体形象示人，彰显出一种含蓄、内敛的气质，正是中国传统文化气韵的渗入与展现。在不同的位置布置不一样的灯具与灯光效果也颇有讲究，在活动的公共区域和显著位置，则会以一排较为温和、明亮的吊灯展现，而在过道上则以嵌入墙体的含蓄灯光来营造一种清幽、宁静的氛围。

The Best Place for Life Maintenance
平静养生之佳所

项目名称：福州平潭素食养生会所
项目面积：1000 m^2
项目地点：福建福州
设计公司：福建泉鑫建工有限公司泽源设计工作室
设 计 师：王泽源
摄 影 师：李迪

This project is located in the beautiful Pingtan island, Fujian province. Pingtan, as Hercynian external window, boasts its rapid development of economic construction. This project provides a quiet place of keeping in good health for the fickleness behind prosperity. The cultivation of the owner and the investment in this project not only meet the needs for vegetarian diet and life maintenance, but also infuse a new force into Pingtan dining culture.

This project contains two levels, one is 300 square meters and the other is 700 square meters. Both the spaces are integrated into cultural imagery full of Zen so as to create a rustic charm, for example, the first-floor hall is adopted with vertical wooded bars and literal decoration to endow the hall with the duality of cultural and visual enjoyment; the entry foyer of the second floor is adopted with Chinese-style counter as service station, classical screen as the main wall. And the opposite wall is decorated by woodcarving Diamond Sutra writing suggesting the Buddhist philosophy that every form means vacancy. Accompanied by a soft music, diners will feel relaxed as if were flying. And, this is just the method that the designers want to use, aiming to reveal the beautiful mood of oriental culture and at the same time to create a nice dining atmosphere.

本案坐落于福建省美丽的平潭岛，平潭作为海西对外窗口，经济建设高速发展，项目为繁华背后的浮躁提供了一处平静养生的地方。而业主自身的素养以及对项目的投入不仅满足自身对素食养生的热爱，同样也为平潭餐饮文化注入一股新的气息。

项目分为两层，一层300平方米，二层700平方米。空间皆融入颇具禅意的文化意象来营造一种古朴的韵味，如一层大厅以竖形木条和文字的装饰使大厅具有文化和视觉享受的双重性；二层入口门厅以中式案几为服务台，以古典屏风为主墙，相对的墙面是原木雕刻的金刚经文字装饰，提示着所有相皆虚妄的佛学哲理，伴随轻音乐的响起，用餐心情也随之飘扬、放松。而这些皆是设计师所借用的表达手法，旨在揭示东方文化的意境之美，同时又营造出良好的餐饮氛围。

ELEMENT COLLOCATING
元素搭配

中国传统养生文化有着数千年的历史，糅合了儒、道、佛及诸子百家的思想精华，堪称一棵充满勃勃生机和浓郁东方神秘色彩的智慧树。于是在设计这个素食养生餐厅时，设计师将中国传统文化的精粹注入餐饮环境的营造中，将“养生”由外在生命的保养与内在精神的修行结合起来，使客人在体味清香的素食小吃时，又能享受古朴的文化氛围。在空间中，设计师运用明式家具、陶瓷工艺品、装饰画作、中国文字、细腻精致的雕花图案、中式纹样的天花板装饰、灯具、祥云图等多种意象来整体营造一个充满古朴之风与禅意的餐饮空间，所到之处，无不透露出东方文化中端庄典雅、淳朴自然的气质。

装饰艺术品 DECORATIVE ARTWORK

中国的文字艺术源远流长、博大精深，在本案中多处运用文字作为装饰的手法，一层大厅以竖形木条和文字相结合的装饰，将中国的礼仪之道以文字艺术来阐释，使大厅既充满文化韵味又具有视觉享受的美感；而二层走道也沿用了相似的文字装饰，赋予空间以观赏与熏陶的情趣性，同时包间的文字装饰墙颇有古风质朴之貌。另外，空间也多处使用具有古典韵味和禅意的装饰画及陶瓷工艺品，将中国传统文化中美的意象以绘画艺术及陶瓷艺术展示出来，提升了空间的意境与韵味。

家具配置 FURNITURE CONFIGURATION

本案所配家具为明式家具，其注重委婉含蓄、干净简朴的曲线，虚实结合，给人留下了广阔的想象空间，体现了虚无空灵的禅意。另外在选材时追求天然美，巧妙地运用天然的色泽和纹理之美，而不刻意雕饰，符合现代人返璞归真的审美需求。本案中的明式家具呈现自然、古朴的棕色，一方面保留了天然的肌理美感，同时也雕刻了细腻、精美的中式纹样，彰显出浓郁的古典韵味，同时整个空间也以棕色为主色铺陈，整体色彩的搭配上一脉相承，浑然一体，彰显沉稳、内敛之风。

萬里河山入畫中

New Literary Space
鉴古存新的新文人空间

项目名称：信雅达艺术会所
项目面积：2300 m²
项目地点：浙江杭州
设计公司：杭州肯思装饰设计事务所
设 计 师：林森、吕杰
摄 影 师：包一凯

Sunyard Art Club takes Chinese calligraphy, painting and art as the distinct theme, including art appreciation, art exchanges and tea catering, from the ancient to the modern, which is a cultural club for mental and physical relaxation. In this case, the designers strive to create a a new literary space appreciating the ancient and still containing the new. In recent society, lots of people are asking: Where is China? It is neither from the perspective of foreigners nor from vintage classics; instead, should it come from our admiration for traditional arts as well as from Chinese culture after reflection and development. And this is just the design theme of this club.

The designers also try to shape a scene with new literary temperament of "simplicity, humility, lightness, elegance". The simple means the modeling and techniques pursue simplicity, less and refinement; the humble means the selection of materials and the decoration should be nature and plain; the light means the matching and tonality are elegant, united and harmonious; the elegant means the accessories and charm of book scrolls are quiet and noble. In short, the designers strive to create a calm, speculative, knowing and understanding progressive experience space.

信雅达艺术会所是以中国书法绘画艺术为鲜明主题，包含艺术鉴赏、艺术交流、茶道餐饮，贯通古今，放松身心的人文会所。本案设计力求打造一个鉴古存新、古今并蓄的新文人空间。当今社会，太多人在问：中国文化在哪里？它不是来自外国的眼光，不是来自陈年的古籍，它应该来自我们对传统艺术的敬仰，来自对中式文化经过思考历练之后的挖掘。而这一点，也正是本案的设计主旨。

本案力求描绘出一卷集"简、拙、淡、雅"于一体的新文人气质画面。简者，造型手法，追求简约，求少求精；拙者，材质选择，饰法自然，朴实无华；淡者，色彩搭配，清新淡雅，统一和谐；雅者，饰品陈设，书卷韵味，宁静高洁。总之，致力于打造一个冷静、思索、意会、参悟的递进式体验空间。

ELEMENT COLLOCATING
元素搭配

本案布局分为艺源、艺苑、艺廊、艺展、艺享、艺宴六大区块，以前厅、中院、正厅、回廊、书房、内院、议事堂、宴会厅的形式构成，仿造中国传统大宅布局。设计师将中国博大精深的传统文化与艺术贯穿于整个设计中，通过古典与现代家具、装饰艺术画、艺术雕塑、陶瓷工艺品、茶具、布艺、灯饰、古典式样的屏风等一系列元素的融合，赋予各个功能区不同的特色，但整体都紧扣“鉴古存新、古今并蓄”这个主题，彰显出对传统艺术的传承和对中式文化精粹的提炼，真正赋予空间文化、艺术的涵养。

家具配置 FURNITURE CONFIGURATION

本案各个功能区的家具配置各不相同，但体现出古典元素与现代元素的巧妙兼糅。在空间中既有现代的布面沙发，也有柔软的布面、皮革与温润古朴的木质材料相结合的各式沙发、椅子。从造型上看，许多家具保留了明式家具的样式，在线条上却呈现出简化的勾勒与处理。尽管每个空间中所配家具各有特色，但是依然都彰显出古朴的遗风，无论是木质天然的纹理或是人工的雕花，还是其具有古典韵味的造型，都让人能够感知设计师想要表达的那份对文化的传承与积淀。

装饰艺术品 DECORATIVE ARTWORK

本案有着主题鲜明的空间区域划分，因此装饰品的搭配也有不同的侧重方向。比如以“艺源”为主题的前厅注入了“笔墨纸砚”的概念，运用现代手法打造的笔灯、宣纸式壁面、黑石端景、砚式前台，呼应设计的主题，同时又兼功能性与装饰性为一体。而以“艺苑”为主题的茶苑散座区中，将各式书画、古籍作为墙面装饰，让人在品茶的同时，又能感受浓郁的书香气息，真可谓一种至境的享受。同时茶苑走廊摆设了各式艺术品，包厢区入口更设立了大型艺术雕塑，凸显了区域的高雅意境。所有装饰艺术品在这里不仅起到装饰的作用，也让整体空间彰显出丰富的层次美感。

Inheriting Oriental Beauty
传承东方神韵之美

项目名称：中国会馆C户型样板间
项目面积：351m²
项目地点：四川成都
设计公司：唐王艺术空间工作室
设 计 师：唐妮

This case is located in Chinese guild hall of Shui Chen Jin Tang which is known as "Sichuan Venice". It is a Neo-Chinese-style villa & hotel with the area of 351 square meters. And, the architectural design and planning fully absorb the essence of the traditional quadrangle courtyard – combining flat yard-style space frame with contemporary style, creating an extremely "tall" business architectural premises which is unique and becomes a beautiful and elegant landscape.

This case chooses pure and elegant Chinese style as the soft decoration design idea. The three Chinese-style show flats that the design company designs show different features: One flat appear elegant and subtle, or one fresh and full of Zen, or one even noble and gorgeous, with black and white poetic perfection. All show the charm of Oriental culture. The whole project is created at one stretch on bidding, initial case, deepening and purchasing, which covers furniture, jewelry, paintings, carpets, curtain fabrics, etc., the entire design contents. Every small object placed in the show flat is used to evoke visitors' longing for home. The designers just apply their enthusiasm and love for life to shape the feeling of "home", adding a kind of strong but pure oriental feeling to self-fantastic Chinese-style architecture and interior decoration.

本案是位于素有"川中小威尼斯"之称的水城金堂的中国会馆，是一个占地351平方米的新中式别墅和酒店项目，建筑设计和规划充分汲取了传统四合院的精华，用平层院落式的空间构架和布局结合简约的当代风格，在四川金堂建立一座极有"高度"的商业建筑楼盘，其独树一帜、剑走偏锋，是中江边上非常靓丽而典雅的风景线。

本案以纯粹、奢雅的新中式风格作为软装设计的思路，三套中式风格的样板房各具特色：或优雅含蓄、回味悠长，或清新淡雅、禅意十足，或高贵华丽、黑白绝唱，无一不沉淀着东方文化的神韵。整个项目从投标、初案到深化、采购一气呵成，涵盖了家具、饰品、挂画、地毯、花艺和窗帘布艺等全部设计内容。样板房内摆设的每一个小物件都力图引发参观者对家的向往，运用对生活的热情和钟爱去塑造这份"家"的感觉，为本身就美仑美奂的中式建筑和室内装饰，增添了一份浓郁而纯粹的东方情怀。

ELEMENT COLLOCATING
元素搭配

本案空间充满诗情画意，有着文人一般的风雅气质。设计师借由古典与现代的家具、布艺、水墨装饰画、陶瓷工艺品、花艺、缸钵等各种意象来营造一个含蓄雅致、韵味十足的人文空间。在客厅中，以“茶具”作为视觉核心，传达茶道所具有的禅意与古韵，另外，设计师还布置了棋室、书房，皆是修生养性之所，围绕设计的主题展开，处处彰显出文人雅士般的意趣与情怀。

色彩搭配 COLOR MATCHING

整体空间主要以白色和温馨的木色铺陈，属于淡雅、含蓄的色彩搭配，营造一种淳朴、宁静的氛围，是修身养性的最佳情境。客厅中棕色的实木沙发特别古朴、自然，室内搭配咖啡色的抽象画，意境悠远。棋室则以明式家具与抽象画为视觉衔接点承袭了客厅的风格，同时也凸显了业主的情趣所在。餐厅与书房的整体色彩一致，皆以素淡的自然木色与背景墙画作的水墨、留白搭配，彰显出业主清雅、恬淡的生活态度。

家具配置 FURNITURE CONFIGURATION

设计师在家具配置上兼顾古典家具与现代家具的搭配，用现代的审美理念结合具有传统韵味的意象来阐释当代对中国文化的领悟与理解。空间中，古典家具以明式家具为代表，其造型简约、线条流畅的外观形成了静而美、简而稳、疏朗而空灵的艺术效果；其风格清新、素雅端庄，正是明代文人所崇尚的气质。另外，客厅中的布面沙发则具有现代材质与简约的线条，并以其柔软的质地为空间增添了一丝温婉之美。

Charming Pavilions
水榭亭台，悠悠雅韵

项目名称：海通一号梅峰店
项目面积：3000 m²
项目地点：福建福州
设计公司：福州国广装饰设计工程有限公司
设 计 师：丁培瑞

The interior landscape of this case gives people a strong visual impact. Pavilions of this project exude dynamic atmosphere, which take advantage of the effect of water surface and subtle changes of light and shadow to create virtual and true complementary feelings, though low-key, having made effect on the temperament of various areas, thus giving people a calm and restrained consuming environment. The Chinese-style boxes combine modern techniques with traditional models in another style, making the space full of oriental aesthetic charm. "Artificial landscape" is the highlight of the core decoration of grand hall. Natural marble helps build overhead staircases and matches with gurgling water. Simulated lotus is decorated on the waters, adding vitality and dynamics to interior landscapes and also stimulating people's infinite daydream on the Neo-Chinese-style space. The interior decoration of boxes, on the basis of following legitimate Chinese-style temperament, is adopted with the use of the concept of modern space, making the Chinese-style space become much smoother. At the same time, with the contrast of solid wood and stone, the designer reconstructs the space layer, thus having enhanced the modern atmosphere of this restaurant.

本案的室内景观给予人强大的视觉冲击力，亭台小榭散发着灵动的气息，利用水面效果和光影微妙变化营造出虚空互补的感觉并不张扬，却能潜移默化地影响着各个区域的气质，营造出沉静、内敛的消费气氛。而中式风格的包厢则以另一种姿态呈现，将现代手法与传统模式相结合，让空间充满东方审美韵味。“造景”是大厅核心装饰的一大亮点，天然大理石搭建出架空的楼梯，搭配潺潺水景，水面上仿真莲花适时点缀，为室内景观带来生气和灵动，也激活了人们对新中式空间的无限遐想。包厢内部装饰在沿袭正统中式气质的基础上，通过对现代空间理念的运用让中式空间更加舒缓。同时通过实木和石材对比，对空间层次重新构造，增添了餐厅的现代气息。

ELEMENT COLLOCATING
元素搭配

本案无论是对公共区域的设计，还是包厢内部的装饰，皆融入了具有代表性的中国传统文化的符号，将东方大气、典雅的意境和婉转、含蓄的浪漫情怀彰显得淋漓尽致。

在略显空旷的公共大厅中，运用“加法”对空间进行规划：一组充满水墨意象的大型吊灯、一尊神秘绚烂的木制雕塑、一幅传统山水画、一面铺以荷叶装饰的背景墙，还有加建于大厅正面，贯穿两层高的架空楼梯，这些场景逐渐实现着空间外在的物质展示与内在的精神实践。而包厢的内部装饰撷取片段式中国传统古典元素作为贯穿其中的装饰语汇，如“回”形木栅格、扶手椅、罗汉床、水墨画，还有极具东方意味的中国红坐垫等，增添了空间的人文气质。与此同时，还保留了传统经典的明代家具元素，在材质、纹路、造型精益求精的基础上，加之石材的硬朗及磅礴之气，为中式古典注入了简洁、利落的跃动力。

家具配置 FURNITURE CONFIGURATION

本案家具配置选用朴实高雅、秀丽端庄、韵味浓郁、刚柔相济的独特风格，将中国传统文化的大美集于一身，提升了整个包厢的审美价值与艺术品位，让人置身其中，感觉无处不流露着一种传统艺术的底蕴与风华。同时，明式家具保留了木材的天然色泽与纹理，赋予餐厅自然、古朴的气息，与室内石材的爽朗、大气相互交融、碰撞，融合出一种温润与时尚、热情与冷冽并存的跳跃美感，使整个空间既富古典韵味，又不失现代气息。

装饰艺术品 DECORATIVE ARTWORK

本案中“造景”是大厅核心装饰的一大亮点，设计师将仿真的莲花点缀于潺潺水景之上，同时与墙壁上的金属材质的大小荷叶相得益彰，为室内景观带来了生气与灵动，也激活了人们对新中式空间的无限遐想。另外，装饰画也是设计师用于营造艺术氛围的一个重要意象，特别值得一提的是水墨画为中国绘画的代表，其意境丰富、气韵生动，给人无限的审美情趣。

Clubhouse Like Elegant and Ethereal Mood
清歌一曲月如霜

项目名称：老台门会所
项目面积：360 m²
项目地点：浙江杭州
设计公司：杭州肯思装饰设计事务所
设 计 师：林森、谢国兴

The case is located in the foot of Chen Huang Mountain, Hangzhou, near Hefang Street and Nan Song Yu Street. The Hefang Street is an ancient street with a long history as well as rich cultural heritage. And, it once was the "root of imperial cities" of ancient capital Hangzhou, and it was also the cultural center and economic center of the Southern Song Dynasty. Orange tiles, green and white fence and shiny arches are full of charm, which will undoubtedly affect the design of this case. Therefore, the designers incorporate strong Chinese traditional elements into the design, which not only echoes with the overall environment but also combines thick ancient rhyme with "wine" culture.

This case is divided into two storeys in structure. The first floor features tasting area, selling area, culture displaying area, master reception area and an operating room. This floor is mainly adopted with Neo-Chinese approach to maintain the gentle cultural charm of Shaoxing wine and to have wine, artworks and natural atmosphere integrated here. The second floor is the main VIP tasting area, with the essence "staleness, newness, luxury, purity" of this club run through the design.

本案位于杭州城隍山脚下，河坊街与南宋御街旁。而河坊街，是一条有着悠久历史和深厚文化底蕴的古街。它曾是古代都城杭州的“皇城根儿”，更是南宋的文化中心和经贸中心。橙黄色的瓦片、青白色的骑墙、明晃铿亮的牌楼，韵味十足，而本案地处于这样一个地方，又怎能不受她的影响？因此设计师将浓郁的中国传统元素融入设计中，既呼应了整体环境，又将浓浓古韵与“酒”文化相结合。

本案在结构上分为上下两层。一层主要为散客参观品尝区、售卖区、文化展示区、总台区以及操作间，主要采用新中式的手法，保留了绍兴老酒温婉的文化韵味，将酒、字画及自然的氛围融入其中。而二层则主要是VIP的品鉴活动区，设计师在设计上，将老台门的精髓“陈、新、奢、纯”贯穿始终。

ELEMENT COLLOCATING
元素搭配

老台门是绍兴文化的图腾和符号，更是绍兴几千年来酒中极品的象征。时至如今，“老台门”传世美酒依旧沿袭手工古法，酿造绍兴古酒之正宗。因此，设计师采用新中式的手法，将绍兴老酒温婉、醇香的文化韵味彰显出来。空间中最富特色的是各种字幅、贴字、刻字的运用，将“老台门”传统的制作工艺加以阐释，并以各种形式展现中国文字的底蕴与美感，或飘逸自如或运笔工整有力。同时，空间中还融入了造型简约的明代家具元素、各具特色的酒坛、不同主题的艺术画作、布艺、工艺品、灯饰、中式纹样等，营造出一个充满着文化象征意义（酒神精神的象征）的空间，当然这也让人联想到文人雅士齐聚一堂、作诗饮酒的风雅场面。

材工法
道时年

形易辩而骨难摸，
入酒取材，但循法三，
上等越糯必别透而心白，饱满欢愉源自天性至纯，因而只在当年秋收，
上等小麦必健硕而丰腴，颗粒圆润源自天性质朴，因而只

手工古法有工序三十六道，
药、制曲、选料、蒸饭、摊饭、淋饭、投料、开耙、
造之以手，大巧若拙
师
品悟在心，巅峰而作
饭
曲
米
小雪
九月

三伏 采药
炎热三伏天，
万物蓬勃而热烈，
正是择采药材的最佳时机。
三伏采药蕴集地气，
而后依据老台门秘方配制白药。

陈年 窖藏
筛选30%天生精品，
灌装到陈酒十年以上的老坛，
以纯手工的方式在坛口上覆盖荷叶、灯盏、坊单和箬壳，
最后用竹丝扎紧，上糊泥头，入窖陈酿。
酒

家具配置 FURNITURE CONFIGURATION

本案所配家具为明式家具，其造型大方，比例适度，轮廓简练、舒展，同时重视木材本身的自然纹理和色泽，置于以大片木质结构铺陈的整体空间中，彰显出一种清雅、朴拙、宁静的美感，并与整体环境融为一体。而二层除了明式家具，也有颇具现代感的沙发、茶几，编麻的表面搭配质地柔软的布面坐垫，简约而清新。

装饰艺术品 DECORATIVE ARTWORK

中国的书法是表现中国文字的艺术，其“象”与“境”的美感给人一种精神的享受，因此中国人会将书法作为人的一种内修方式。设计师将中国字灵活运用，既有内容的表达需要，也有一种艺术美学的植入，起到了提升空间内涵的作用。同时不同主题的画作也被用于软装饰中，但都以比较古典的意象传递中国文化的精神韵味。而白色的纱帘与纸灯让空间洁白无瑕、静谧温婉。

Mysterious Religion & Elegant Environment
神秘宗教，境幽意远

项目名称：福州泰·自然水疗会所
项目面积：2924 m^2
项目地点：福建福州
设计公司：福州品川装饰设计工程有限公司
设 计 师：郭继、吴朝杰、何海平

Fuzhou Tai · Natural Spa Club is located in Wenquan Road, Wenquan Central Area, Fuzhou. The unique water culture of this club is applied into every detail of spaces, which adheres to the long history of Chinese cultural essence, "Life Maintenance", serving high-end business customers in Fuzhou.
Thailand, formerly known as Siam, is a country full of religious mystique, taking Buddhism as its state religion. The design idea draws inspiration from Thailand custom, together with the use of main tones of gold and ebony colors as the expression way, which, on one hand, reflects the noble exotic Thailand, and on the other hand, creates a warm and elegant atmosphere. Therefore, when customers enjoy a Thai massage, they will be deeply immersed in the culture and surrounded by Thai music, and when putting minds and bodies into such situation, they seem to forget the place where they are. And, this is just the upmost relaxation that they can get here.

本案位于福州温泉核心区温泉路，会所以独特的水文化融入每个空间细节，秉承源远流长的中华“养生”文化精髓，服务福州高端商务客户。

泰国旧称“暹罗”，是一个极富宗教神秘感的国家，以佛教为国教。设计师从泰国风俗中汲取灵感，以金色与檀木色为主色调，一方面彰显泰国高贵、尊荣的异域风情，另一方面营造出典雅、温润的氛围。让人在体验泰式按摩的同时，为她的文化深深沉醉，耳畔回荡着悠扬顿挫的泰式乐章，将身心投放其中，仿佛已然忘却了自己所在的地域，这时便得到了最恣意的放松。

ELEMENT COLLOCATING
元素搭配

这个会所取名为“泰·自然”，本身就有着丰富的寓意，“泰”可以理解为泰然自若的处世心境，而“自然”中则有“天人合一”的哲学思想，正是养生文化中所涵盖的思想精粹。泰国的国花为“金莲花”，为水生花卉中的名贵花卉，与荷花相似，其叶子和花朵都浮在水上，因昼舒夜卷而被誉为“花中睡美人”，优雅静谧，而这正好呼应了“水疗养生”的主题。于是，设计师综合了一系列原汁原味的泰式元素，比如泰国以佛教为国教的精神信仰、泰国当地的手工艺品等，本案设计紧扣“泰式元素”，融入佛教文化元素、装饰绘画、雕花艺术等，营造出一个颇具禅意又尊荣华贵的空间，让人在享受水疗养生的同时，亦能感受浓郁的文化氛围与异域风情。

消火栓
FIRE HYDRANT
火警电话:119

BEAUBELLE

灯具的选择与灯光效果

CHOICE OF LAMP & LIGHTING EFFECT

泰国号称 “黄袍佛国”，服务于佛教，其建筑风格有着独特的特点，多层屋顶、高耸的塔尖，用木雕、金箔、瓷器、彩色玻璃、珍珠等镶嵌装饰，因此甚至在本案的灯饰上也可见融合了这种特点。材质上，混合金属的硬朗，特别是“塔尖”处的结构部分，凸显出一种精致的锐利与锋芒。泰国的宗教信仰影响之深可见一斑，体现在灯饰这样的细节上，足以说明任何一种风格的存在，都有其强大的文化背景的影响。

Thai natural
泰·自然

237
238

装饰艺术品 DECORATIVE ARTWORK

本案的装饰品多以金黄色呈现，可谓极为华贵与绚丽。融入佛教文化的元素、泰式纹样，神态各异的佛像在空间中随处可见，多呈现出泰然自若、修性养心的智慧神采，为空间传递了一股浓郁的禅意。空间中以恢弘之气势，将佛教的文化意象大胆铺陈，呈现出一种金碧辉煌的视觉体验，同时极其鲜明地彰显出“泰·自然”所寓意的内涵。除此之外，客厅中及走道中的天花板装饰，以“金莲花”作为形象的雕花，细腻而精致，富有艺术的美感。同时泰式纹样及造型的装饰品被用于墙壁的点缀之上，实为泰国图腾符号的一种运用，不仅精美，也富有内涵。另外，各种工艺品摆件、装饰画等也围绕设计的主题铺陈，兼具审美性与文化性。

Here the Place with Beautiful Mountains and Waters
山灵水秀，典雅风华

项目名称：余姚牟山湖临时售楼处
项目面积：350 m²
项目地点：浙江余姚
设计公司：上海牧笛室内设计工程有限公司
设 计 师：毛明镜

This case is a temporary sales office, located in Moushan Lake, Yuyao. Moushan Township, near the mountain and by the river, has a long history and plenty of historical sites, with the mountain appearing powerful and the river appearing soft, having rich cultural heritage. In such a wonderful place full of traditional cultural atmosphere, how the designer can neglect the inspiration of history and civilization? In this case, the designer extracts the essence of traditional culture, taking a context full of oriental Zen as the design idea, blending modern elements with traditional elements skillfully and creating a space full of traditional meaning through the aesthetic needs of modern people. In addition, the designer incorporates a series of Chinese cultural symbols and imagery into the design and at the same time presents a new space with both oriental context and period flavor through the matching of colors, choice of materials and configuration of furniture. Wherever people are, they can find the elegant and gorgeous charm as well as quiet and nostalgic mood displayed everywhere.

本案为余姚牟山湖临时售楼处项目，依山傍水的牟山镇历史悠久、古迹众多，山呈千秋风骨，水牵万世柔情，具有深厚的文化积淀。在如此充满传统人文气息的宝地，设计师怎能不受到历史文明的启发？本案设计师萃取传统文化的精髓，以营造充满东方禅意的情境作为设计思路，将现代元素与传统元素巧妙兼糅，以现代人的审美需求来打造富有传统意味的空间。设计师在设计中融入一系列的中式文化符号与意象，同时又通过色彩的搭配、材质的选用、家具的配置来表现一个兼具东方意境，又充满时代气息的新空间。所到之处，无不流露典雅、风华之气韵，宁静、怀古之意境。

ELEMENT COLLOCATING
元素搭配

“牟山”是一个拥有丰富的人文景观与自然景观的地方，悠久的历史积淀赋予该地浓郁的中式风情。设计师取灵感于中国传统文化之中，以片段式的中式元素与现代元素相融合，赋予空间宁静、典雅的气息，同时又不失现代空间的时尚感。设计师以贯通古今的表现手法，借由中式风格与现代风格相融的家具，优雅、温和的布艺，具有现代感的装饰画作、陶瓷工艺品、中式花格等，营造出的是一个所有事物和谐存在的新人文空间。

装饰艺术品 DECORATIVE ARTWORK

本案在装饰品的搭配上，也同样沿用了现代与古典结合的表现手法，紧扣新中式风格的设计主题。在装饰画的选择上，凸显了鲜明的个性，以极为现代的笔法勾勒出简约的抽象画面，体现的是一种时尚的审美。而在室内工艺品摆件、挂件，则以营造古典韵味为主，如石雕的佛像、瓷器的花瓶、折子扇及拼贴的竹筒，皆为中国传统文化中的标志性符号，可以说这一切融合了传统的信仰、艺术及审美在其中，赋予空间浓郁、深厚的文化内涵。

家具配置 FURNITURE CONFIGURATION

本案的家具配置整体上融合了古典元素与现代元素，材质上有木质家具和布面家具，也有采用布面与木质材料相结合的家具，这种家具将木质的沉稳与布面的柔和、舒适融于一体，同时赋予其内在韵味与功能的舒适性。另外，部分家具的装饰图案和造型虽赋予其一丝古典韵味，但在线条上已呈现出简化的勾勒、处理，体现出新中式风格家具追求神似而非仅是传统家具形式的复制。

Creative Oriental Feast
创意东方宴

项目名称：寿州大饭店餐饮区
项目面积：16000 m²
项目地点：北京
设计公司：（合肥）许建国建筑室内装饰设计有限公司
主案设计师：许建国
参与设计师：陈涛、欧阳坤、程迎亚
摄 影 师：吴辉

This interior space blends the nobility and elegance of traditional Chinese culture and modern fashion ideas together. When use modern design elements to plan the interior space, the designers also use Chinese classical pane, traditional crafted lacquered cabinets, and other elements to extract the forms which have modern aesthetic temperament, making them become the texture of space interface and trying to highlight a tranquil, deep and elegant space atmosphere through the contrast of lighting. On the control of colors, the whole space is adopted with steady warm colors, together with the dealing of sectional lighting, making the relationship between space and human get closer by providing people with cordial and warm visual experience. A number of furniture chooses original colors which mean fundamental, instinctive and natural characteristics and make diners reflect on the nature of humanity – the genuine, the noble and the nice.

室内空间融中国传统文化的高贵典雅与现代时尚创意于一体。在运用现代设计语汇进行室内空间规划的同时，设计师运用中国古典窗格、传统工艺的漆柜等元素提炼出具现代审美情趣的形式，使其成为空间界面的肌理，透过光线的映衬营造出静谧、深沉、高雅的空间氛围。在色彩控制上，整个空间以稳重的暖色调，配合局部光源的处理，以亲切、温馨的视觉体验让空间与人之间的关系更加紧密。很多家具运用了原色，原色系意在根本、本性、自然的特征，使就餐者反观人性的本性——真、善、美。

ELEMENT COLLOCATING
元素搭配

寿州大饭店是以徽派及后现代理念设计的，整体装修豪华、典雅，餐饮区域采用新中式的设计手法，将含蓄内敛与奢华大气两种气质完美结合。通过把古典语汇图案化、对比化、符号化、简构化等方式进行转化，避免压抑和过于厚重感。同时运用多种表现形式把徽派文化与中式文化完美结合，设计的某些部分是徽派文化的剪辑：造型丰富，讲究韵律美；以砖、木、石为原料，以木构架为主；柱体、家具不施彩漆而髹以桐油，显得格外古朴、典雅；以小青砖最有特色；在雕刻艺术的综合运用上，显得富丽堂皇。室内的主导色是素雅的白，局部缀以中国红、鲜活绿，整体显得非常明亮、耀眼，掩映着用餐情趣。为烘托这种雅致的空间氛围，搭配了黑白画作、陶瓷等工艺品。包间运用或现代或传统的桌椅，合理搭配不同的灯具、颜色及配饰等营造出一个个不同内容但意境一致的空间。华灯初上，月光疏斜照江畔，琴声悠扬，一场味蕾和感官的盛宴就此拉开序幕。

装饰艺术品 DECORATIVE ARTWORK

成列柜上展示了中国最具代表性的工艺品，有各釉色的青瓷、黑瓷和青花瓷等，还有古书籍，由此洋溢着浓郁的文化艺术气息。就餐区旁的休闲室，被打造成茶室，精致的茶具俨然已经成为工艺品作为欣赏，营造出有品质的空间。绿植摆在桌上或放在角落，清新的色彩，为空间注入了无限活力。搭配符合意境的装饰画是必不可少的，最特别的是古代长袍服饰展示图，黑白的色调，现代素描的画法，为本案的装饰带来新鲜与艺术之感。

家具配置 FURNITURE CONFIGURATION

包房圆形餐桌的选择体现了中国传统中圆满的愿景，木框架布艺沙发有别于传统的木头家具，提供了舒适的生活环境。大部分包厢选择明清风格扶手椅，同时配上软坐垫，十分人性化，古朴、典雅与中式的氛围非常融洽。部分选用皮革材质的现代餐椅，木质的框架与雅致的色彩与空间不仅不冲突，反而有种时尚美。在这里，新中式家具不再是一种美化空间的实用摆设，更是融入生活、提高生活品质的方式。

Charming Orient
精致考究，魅力东方

项目名称：万科地产（重庆）天琴湾高尔夫会所
设计面积：4000 m^2
项目地点：重庆
软装设计团队：矩阵纵横设计团队

The project is positioned as "new Asia" design style. The designs of building and landscape are led by SCDA, a Singapore famous design company. For soft decoration designers, this project is a great challenge. The Matrix Interior Design has to achieve an optimal balance point between the acceptance and rejection of styles. In the early planning and soft decoration designs, designers also follow this principle. For example, Japanese-style simple matrix sense of spatial order; the details reflection of delicate Southeast carving; the formal beauty of generous Chinese rotational symmetry; especially the exquisite selection of displaying artworks, is the condition that the highlight of this project lies in.

这个项目的定位是“新亚洲”设计风格，而建筑及景观则邀请新加坡著名的SCDA设计公司来主持，这个项目对于软装设计师来说具有极高的挑战性，矩阵纵横设计团队在对各个风格的筛选与取舍之间来达到一个最佳的平衡点。在前期的平面规划及软装配饰中也是遵循了这个宗旨，如：日式的简约矩阵的空间次序感，东南亚的精雕细琢的细节体现，中式大气轴对称的形式美。尤其在家具陈设艺术品的考究选择，是整个项目的亮点所在的必要条件。

ELEMENT COLLOCATING
元素搭配

本案设计将现代元素和传统元素结合一起，以禅文化为主题，以木作以及石材为主，重新定义了大东方特色的会所。既有古典意境的传承，又有现代风格的凸现。身临其中，感观无时不愉悦。一个精致的休闲之所，一个清雅的艺术之境，布艺沙发、实木家具与瓷器装点的空间中，三五知己，五六道茶，闲坐其中，只为体会佳茗的幽香。人们的视野里并不见中式装饰常用的木刻雕花、青花纹理、大红灯笼，也没有用纯粹传统符号式的东方元素，家具和摆设的线条都是简洁利落的，淡雅的灯光、传统中式的深色调，还有那一抹牡丹图案、一隅古瓷、一片蒲团就足以让人们感受到其内敛的中式禅意。当意象了的东方元素与现代时尚感邂逅，当那些象征各异的古韵气息悄然融入现代工艺感的环境，亦如包容、内敛而低调神秘的个性一般，浓妆淡抹且静水流深。

装饰艺术品 DECORATIVE ARTWORK

空间布局讲究每一个细节的搭配，每个装饰品对于风格的完整都有自身的意义。设计师对传统古韵氛围的渲染也匠心独具，不难发现不论是大厅沙发或是洽谈区的沙发上，还是休息区的椅子上，一致采用的都是缎面的抱枕，上面是相同图案的牡丹刺绣，极富中式传统韵味，不同的鲜艳色彩，也为空间增添一抹亮彩。瓷器是营造中式氛围不可或缺的装饰，设计师在此选择了纯净的白瓷进行点缀，三三两两的分布在前台、吧台、展示台上，圆润的造型、透亮的釉色，极具质地感，符合空间高端的品质。大厅站台前的三盆花艺，大圆弧的造型，白绿相间的颜色，似一缕清风吹进这个端庄的空间，成为一道亮丽的风景线。

A Cup of Tea Implying "the Most" Oriental
清茶一盏“最”东方

项目名称：黄山元一大观天澜庄茶工坊
项目面积：500 m^2
项目地点：安徽黄山
设计公司：上海胜异设计顾问有限公司
设 计 师：姚胜虎、邱金水
摄 影 师：周跃东

Tian Lan Zhuang Tea house of Huangshan Grand View is located in the No. 2 Building, Daguan Street, having an area of 500 square meters. When originally received this case, designers had a deep communication with the owner so as to reach a common direction and build "Tian Lan Zhuang" into an unique tea-leaf store which is different from ordinary ones, thus highlighting its traditional tea culture and local culture, giving customers a totally new experience with artistic presentation way and period feeling and finally leading the marketing. The designers take neo-orientalism as the design concept, integrate modern and simple design techniques with international elements to get extraction and interpretation in this space for the development of tea culture as well as the spirit of Hui-style culture, and respectively use tea culture image reception area, bronze statue exhibition area of traditional tea-making process, tea-leaf products exhibition area, teaism performance and tasting area, marketing area and other functional areas to run through the whole space, achieving sufficient interactivity and sense of experiencing.

黄山元一大观天澜庄茶工坊位于大观街2号楼，面积500平方米。设计师在接到任务之初与业主进行了深入的沟通并达成共同意向，将天澜庄打造成有别于普通的茶叶店卖场，突出天澜庄的传统茶文化和地域文化，以艺术性较强的展示方式和时代感给予客户全新的体验并最终能引导销售的茶工坊。设计师以新东方主义为设计指导理念，现代简约的设计表现手法融合国际化元素对徽州茶文化的发展历程和徽派文化的精神在本案空间里进行了提炼和解读，分别以茶文化形象接待区，传统制茶工艺流程的铜像展示区，茶叶产品展示区，茶道表演品茗区及销售等功能区贯穿于整体空间，达到充分的互动性和十足的体验感。

ELEMENT COLLOCATING
元素搭配

徽州茶文化是涉及茶道、茶文艺、茶礼俗、茶饮习、茶建筑等与茶有关的文化活动，讲究以茶立德，以茶陶情，以茶会友，以茶敬宾，是徽派文化的重要组成部分。在这个茶工坊的项目中，设计师将茶文化作为贯穿其中的主题，借由石雕艺术、明式家具、制茶人物铜像、茶具、中式花格隔断及古朴的灯饰等元素融入各个功能区，来打造一个充满东方风情与意境的空间。徽派文化作为中国传统文化的一个标本，在本空间中能鲜明地感受到其浓郁的传统古韵。

装饰艺术品 DECORATIVE ARTWORK

中国石雕艺术起源于新石器时代，以其材质的爽朗大气与精雕细琢的美感著称。一方面，从大处落笔，以石材之磅礴、硬朗之气贯穿其中，正如茶工坊“茶满天下”的取名一般，气贯乾坤；另一方面，又以石雕的形象美、艺术性装饰空间，既植入了美学价值，又同时富有韵味。除此之外，各种神态的人物铜像在空间中得以展示，将传统的制茶工艺流程以模拟化的情境展现出来，同时也起到了装饰的效果。

A Realm Aloof from Bustle
远离喧嚣，寻找一方净土

项目名称：梅林阁
项目面积：260 m²
项目地点：安徽合肥
主持设计师：许建国
设计公司：(合肥)许建国建筑室内装饰设计有限公司
设 计 师：陈涛、程迎亚
摄　　影：吴辉

The designers made lots of efforts to the design of Mei Lin Ge restaurant, and they hope this restaurant can be far away from the hustle and bustle of city; therefore, people can get a kind of quiet, natural and harmonious soul collision here. The plain and simple design of this case achieves a high degree of unification on the form and content of "Pick chrysanthemums in the eastern fence, leisurely enjoy the South Mountain scenery. As it went late, birds return to the mountain together"(a poem from ancient Chinese Poet, Yuanming Tao). – Whether describing the beautiful evening scene, or expressing the leisurely seclusion feeling, or conveying the fun of living in the country, or telling the truth of life, it is full of both emotional romance and rational romance. The fusion of scenes, emotion and ration can be not only described by this famous wring but also by a famous writing "The achievement of this state is the consequence of indifferent mindset". Bricks, walls, tables, chairs, pots and paintings in the space are interdependent with each other, all look like poems, touching people and incorporating emotions into space, giving people a leisurely mood. The environment here is elegant without any worldliness, bringing people with endless interest and indicating the designers' true love for life as well as their noble design spirit.

对于梅林阁餐厅的设计，设计师用心良苦，期待远离城市的喧嚣，寻找一份宁静、一份自然、一份和谐的心灵碰撞。本案以平易、朴素的设计，恰似陶渊明的“采菊东篱下，悠然见南山。山气日夕佳，飞鸟相与还”。形式和内容达到高度统一，无论是写南山傍晚美景，或抒归隐的悠然自得之情，或叙田居的怡然之乐，或道人生之真意，都既富于情趣，又饶有理趣。那样景、情、理交融于一体的名句不用说，就是“问君何能尔？心远地自偏”。在这里，设计师力求营造一种蕴含一丝清凉、舒适宜人的环境，它能隔离外部拥挤吵闹，在水泥丛式的建筑当中找到一丝自然之感。空间中的一砖、一墙、一桌、一椅、一壶、一画相互依存，无不像诗似画，以情动人，融情入境，给人悠闲自得的心境。脱离世俗，此画此景带给人无限乐趣，表现了设计师热爱生活的真情和崇高的设计境界。

ELEMENT COLLOCATING
元素搭配

“结庐在人境，而无车马喧。问君何能尔？心远地自偏。采菊东篱下，悠然见南山。山气日夕佳，飞鸟相与还。此中有真意，欲辨已忘言。”此首陶渊明的《饮酒》组诗中的第5首，是诗人借酒为题，表达对现实的不满和对田园生活的喜爱，此诗恰似本案设计师所要表达的心境。设计师借梅林阁餐厅的设计，希望在这方净土中可以得到自我净化。墙面全刷为白色，故意不平整的刷法和裸露的白砖刻意营造出粗犷、朴素的空间氛围；家具、摆设、饰品都没有精致奢华感，一切都以原始质朴的状态呈现。但即使是这样纯朴的设计，对文化和艺术的追求同样没有丢弃，通过业主大量艺术品的收藏展现就能证明。这是设计师在徽派风格的另外一种尝试，也是对当下设计中式文化的一种探索。设计师所见所感，非有意寻求，而是不期而遇。

装饰艺术品 DECORATIVE ARTWORK

本案选用了大量极富自然、古朴的装饰物件。粗制的碗碟，铜质的烛台没有作任何加工装饰，过道墙面上一尊尊小佛像手捧蜡烛，十分殷诚，禅意生香，土陶的质地突出禅意空间追求朴素、优雅的精神境界，更与设计师寻求一方净土的愿景吻合。设计师在一包房中利用墙面与树枝的虚实结合手法构筑了一面傲梅的装饰墙，意境悠远。部分墙面有设计师为业主量身定做的一些照片框，在用餐的同时可以真切地了解到业主的人文精神，还有其对文化和艺术的追求。梅林阁的设计，无论从空间氛围的把控，还是装饰物品的摆放，每一处都在诉说着“她的故事”、“她的情感”。它更像一首诗，娓娓道来，一句一句，不多不少。

家具配置 FURNITURE CONFIGURATION

业主借此房希望自己能够接待一些志同道合的朋友，在这里与大家共同用餐，推杯换盏、把酒当歌、喝茶论禅、聊天谈心。在餐椅的选择上以新中式为主，实木的质地、简约的线条、擦漆做旧的表面，充满了年代感，很适合“有故事”的主人，同时也营造出一种古朴、淡雅的意境。在几案的选择上，能看出设计师花了很多心思，都是实木做旧的感觉，但每一个都不一样：有金黄掉漆的，上面有雕花刻物，工艺精湛，让人忍不住驻足细细欣赏；还有那红色的案台，拉手用圆形铜锁装饰，古朴而端庄；更有简化线条的明清风格书桌台，看书、品茶两不误，非常实用。

外

西式工装

WESTERN-STYLE

NON-HOME DECORATION

Embrace Mediterranean - Enjoy Ecological Holiday Life
相约地中海，享受原生态度假生活

项目名称：Yazici博德鲁姆酒店&水疗中心
项目地点：土耳其博德鲁姆
项目面积：32 000 m²
设计公司：EREN YORULMAZER INTERIORS & ARCHITECTURE
设 计 师：EREN YORULMAZER
摄 影 师：JEAN-PHILIPPE PITER

This is the newest and most luxurious boutique hotel in Bodrum. Its subtle lines and shades meet with authentic accents for vivid and stimulating contrasts. Typical Turkish Marmara marble was used for the floors. Alternating panels of dark wood were used for the walls, combined with fabrics in Mediterranean colors such as turquoise, coral and purple to create a warm and bright atmosphere. Self-indulgent and luxurious; cozy yet splendid: it is Mediterranean in every aspect. The rooms and suite's details were designed with chic and extraordinary finishing touches and enriched with a collection of special paintings.

The Spa by Yazici, which is the most exclusive Spa complex on the Bodrum Peninsula, was decorated with special design objects by the architect. It is situated on a 2500 m² area with heated indoor pool, VIP spa, fitness center with state-of-the-art equipment, Turkish hamams, saunas, steam rooms, massage and treatment rooms, skin & body care rooms, and healthy life center. Grand Yazici Hotel & Spa Bodrum offers a memorable design with its unique botanical garden, which is decorated with palm trees, banana trees and thousands of varieties of flowers, and a 600 m² infinity pool with a perfect view of Bodrum Peninsula, St. Peter's Castle, Cos Island and the marina.

本案是博德鲁姆地区内最新最豪华的精品酒店。微妙的线条和深浅的色调与正宗特色相协调，形成了生动、刺激性的对比。地板为典型的土耳其马尔马拉大理石。深色木质的交互木板墙壁与地中海颜色的布料相结合，如绿松石色、珊瑚色和紫色，营造出一种温馨、明亮的氛围。随意、奢华，舒适但依然壮丽：地中海风格在酒店中随处可见。客房和套房各个细节的设计别致、精细，具有特殊的表面处理和丰富的特殊绘画收藏。

Yazici本案中的水疗房是博德鲁姆半岛上最独特的水疗综合区，配饰由装饰建筑师定制、设计而成。该水疗房占地2500平方米,拥有室内温水游泳池、贵宾水疗房、健身中心、土耳其浴室、桑拿房、蒸汽房、按摩房、治疗房、皮肤及身体护理室以及健康的生活中心。Yazici酒店&水疗中心为独特的植物园林提供了一种令人难忘的设计，植物园林中栽种着棕榈树、香蕉树和数以千计的鲜花品种，还有一个面积为600平方米的广阔泳池，在这儿能观赏到博德鲁姆半岛、圣彼得城堡、COS岛和码头的壮美景观。

ELEMENT COLLOCATING
元素搭配

本案鲜明的地中海风格随处可见，地中海的建筑仿佛是自然天成的，无论是材料还是色彩都与自然达到了某种共契。室内设计基于海边轻松、舒适的生活体验，少有浮华、刻板的装饰，生活空间处处使人感到悠闲自得。设计师在该空间中借由色彩明快、线条柔和浑圆的家具、清新淡雅的布艺、造型各异的灯饰、工艺品摆件等作为搭配的元素，从自然的灵气中汲取灵感，摒弃了华丽元素的堆砌，通过对材质、线条、色彩的整体把握，还原空间最为清新、秀丽的面貌。所到之处，无不让人感到一种明丽、灵动的气息，整个身心沉浸在自由、舒适的氛围中。

家具配置 FURNITURE CONFIGURATION

本项目所配家具大多呈现出一种精巧的美感，丝毫没有繁复的线条，注重浑圆的修边，加之材质的柔软质地，给人一种柔和、优雅、宁静的美感。同时这些家具亦没有厚重、高大的量感，大多较为轻巧，呈现出一种现代、时尚而又明朗的气质，赋予空间一种开阔、通透之感。另外，部分家具取材天然，同时有着精细的做工，呈现出一种复古的美感，在整体现代时尚的空间中，颇为引人注目。

色彩搭配 COLOR MATCHING

地中海风格的最大魅力可以说是来自其纯美的色彩组合，是地中海周边自然生态的美好重现，让人在室内就能感受到原始、天然的自然气息。空间融合了自然生态环境中的丰富的色彩，将蓝色、白色、紫色、土黄色、红褐色及黑色灵活地搭配，令空间充满着丰富的视觉美感，而又不让人感觉累赘。紫色与白色搭配的窗帘，让人感受到法国南部薰衣草的浪漫、纯洁气息；蓝色与白色组合沙发、灯具、窗帘又让人不禁联想到西班牙蔚蓝色的海岸与白色沙滩；而红褐色与土黄色在空间中的点缀则将北非特有的沙漠、岩石等自然景观的浓重色彩再现。所有色彩的融合，仿佛给人们呈现出了一个自然天成的世界，令人赏心悦目。

Candlelight Feast Accompanied by Romance
烛光盛宴，浪漫相随

项目名称：Veladora餐厅
项目地点：美国加州
设计面积：279 m²
设计公司：Mr. Important Design
摄 影 师：Jeff Dow

Translated as "candle", Veladora features a glowing interior that sparkles with light. Mister Important was inspired by the natural jewel tones of the San Diego coastline as well as its rich Mission history. The dining room features a large butterfly painting which vibrant colors are echoed throughout the room. Showcasing new seating by Benjamin Hubert and traditional Spanish Revival looks, Veladora is both modern and antique.

Veladora可译作"蜡烛"，闪耀的灯光使Veladora酒店洋溢着光芒。酒店的创建是由于Mister Important设计公司受到圣地亚哥海岸线的天然宝石色调及其丰富的宣教史的启发。餐厅内装饰了大幅的Damien Hirst的蝴蝶油画，鲜艳的色彩洋溢在整个空间里。Benjamin Hubert的新展示座位和传统的西班牙复兴外观使Veladora酒店显得既现代又古典。

ELEMENT COLLOCATING
元素搭配

本案的设计灵感来自于巴伦西亚豪华酒店的庄园风格，在空间构造上，设计师融入了自然元素，以大片的厚重实木及石材铺陈，使空间呈现出一种不加雕饰的质朴美感。正如Veladora餐厅的名字一般，这是一个用“蜡烛”的光芒点亮的世界，设计师在室内大量地运用造型各异的蜡烛灯装饰空间，赋予空间神秘、浪漫而宁静的气息。而在墙壁、地面的装饰上，设计师融入了圣地亚哥海岸线天然宝石的天蓝色、深紫色、墨绿色等色彩元素，让空间尽显时尚与尊贵。另外，精致而富有现代感的家具除了功能性外，也不失为一种美的装饰。

灯具的选择与灯光效果

CHOICE OF LAMP & LIGHTING EFFECT

本案运用大量不同的蜡烛灯渲染氛围，无论是材质还是造型上都各具特色。在本身就富有自然气息的空间内，“蜡烛”的灯光更给人一种宁静的感受。不同角度的灯光照在天然宝石色彩的墙面及地面上，优雅、高贵的紫色呈现出魅惑的姿容，墨绿色在灯光下则给人一种宁静、清雅的感觉，但又都不失时尚与神秘之感，使就餐的客人在享受美食的同时，沉浸在这种用心营造的浪漫情调之中。

家具配置 FURNITURE CONFIGURATION

veladora餐厅所配置的家具颇为精致，餐桌以自然的木质材料打造，以简约的线条勾勒，既质朴又现代。一排排造型简约、小巧的餐椅，呈现出时尚的质感，但丝毫不张扬。而靠墙设置的沙发质地柔软、线条柔和。在餐厅丰富的灯光之下，所有餐厅家具皆因其轻巧的量感而具有一种宁静、浪漫的情调，让人一见便生出一种闲适、时尚的小资情怀。也许人们本是如此，总是受到视觉的触动，因而环境的营造颇为重要。

Encounter Edinburgh Flavor
戏剧美学，艳遇爱丁堡风情

项目名称：喜来登大酒店
项目地点：苏格兰爱丁堡
设计公司：MKV Design
设 计 师：Maria Vafiadis

With its premier location looking towards Edinburgh's castle, the Sheraton Grand is the preferred hotel for international dignitaries visiting Scotland's capital as well as business travellers throughout the week and leisure visitors during weekends and holidays. However, over the years, the hotel's appearance had grown tired and MKV Design was given the brief to uplift the design and enhance the experience for all the diverse types of guests.

Guestroom layouts were optimised to accommodate a four-fixture bathroom, as guests would expect to find today in a high quality hotel, with a separate space for the toilet. Since the overall room size had to remain the same, the designers made the best use of the existing area to increase guests' sense of luxury and comfort.

MKV opened-up the public areas, creating a natural flow of spaces, so that guests could easily understand where to go by seeing through the entire ground floor from one side of the building to the other. The lobby, bar and restaurant needed greater gravitas, drama and regional identity while also increasing the options offered to guests. Aesthetics follow those of the guestroom floors – warm, contemporary and with local touches.

喜来登大酒店最初的位置面朝爱丁堡城堡，它常常是国际政要参观苏格兰首都首选入住的酒店，商务旅客、休闲游客在周末及节假日度假时也会选择这个酒店。然而，多年来，喜来登酒店的外观日显陈旧，于是酒店负责人便委任MKV设计公司重新设计，从而也给各种不同类型的客人带来了更舒适的入住体验。

MKV优化了客房布局，在浴室中设置了四款卫浴装备，配有独立的卫生间，这也是当前顾客们对高端酒店所要求的配置。由于整个房间的大小保持不变，设计师充分利用现有面积提高了豪华感及舒适感。

MKV还设置了公共区域，创造了一个自然流动的空间，这样客人通过阅读从酒店建筑一头到另一头的整个平面图便能轻而易举地知道该如何走。大堂、酒吧和餐厅展现出更大的庄严感、戏剧感，具有当地特色。美学上则遵循了客房楼层——温馨、现代，具有当地气息。

ELEMENT COLLOCATING
元素搭配

这是一个位于苏格兰爱丁堡的酒店项目，设计师结合爱丁堡当地的特色，将酒店打造成一个温馨、现代的空间。酒店每个功能区凭借不同的色彩搭配、家具的配置、材质的运用及其他装饰元素的融入，呈现出不同的格调，或宁静质朴，或明丽清新。酒店的装饰没有繁复的堆砌，以一种时尚、简约的手法为空间增色。甚至可以说，室内具有强烈设计感的家具凭借色彩、材质、造型的美感，本身就成为一种主打的装饰元素。另外，空间也融入了自然元素，木质材料的大量运用，凭借其天然的色泽、纹理让空间具有质朴、宁静的美感。空间具有代表性的地方特色当属苏格兰格子图案的运用，以丰富的布艺形式呈现。

家具配置 FURNITURE CONFIGURATION

酒店中造型、材质、色彩各异的家具本身就构成一幅绚丽的画面。在公共的用餐区域中，巧克力色小椅子与白色椅子及木色的小型方桌搭配，呈现出一种质朴、宁静的美感，而其别致小巧的造型给空间添了些许灵动，如同大空间中的一个个跳跃着的小音符。而另一边的用餐区，则以清新、明丽的面貌示人，绿色的椅子造型颇为特别，圆浑的造型与纤细的椅脚给人的量感呈现出鲜明的对比。在色彩方面，紫色与绿色、白色、黄色之间的跳跃感较强，因而也呈现出一种极为绚丽的情境。在其他区域中，设计师也选用不同家具来表现呼应设计的主题，即打造一个具有现代感而又让人倍感亲切、温馨的空间。

灯具的选择与灯光效果 CHOICE OF LAMP & LIGHTING EFFECT

设计师在空间不同区域中采用各具特色的灯饰。灯具的选择也十分讲究，其造型、色彩、材质呈现的质感及所营造的灯光效果都要与整体的环境相互融合。比如在以整体较为自然、质朴的公共用餐区中，所配灯具就并不显得华丽，而在格调较为明快、亮丽的区域中，则采用了色彩丰富的球状吊灯，营造绚烂的视觉效果。而一组类似花瓶状的组合透明吊灯从挑高的酒店大厅吊顶上垂悬而下，以其现代、时尚的造型引人注目。另外，同一造型的壁灯在不同区域中也被运用，相同元素的沿用，使区域与区域间找到了衔接点。

Interpret Ultimate Brilliance
时尚先锋，演绎极致璀璨

项目名称：卓美亚海滩酒店
设计面积：4000 m^2
项目地点：阿塞拜疆
设计公司：Eren Yorulmazer Interiors & Architecture
设 计 师：Eren Yorulmazer
摄 影 师：ENGİN AYDENİZ

The glamorous chandelier in the gallery hall is the main attraction, and captivates the guests with its sparkling beauty. 18 meters high and 60 meters long, it has a diameter of 5 meters and weighs 2 tons. The chandelier is crafted out of gold and silver metal branches and leaves, creating a splendorous atmosphere. Along the main path of the lobby other combining chandeliers give orientation and lighten up the space with the same design concept. The ceiling was custom painted in silver and gold by artists to enrich the atmosphere. The delicately designed antiquated mirror panels welcome the guests, bringing the light from outside to inside.

For the men's lounge, a billiard room was designed in harmonic colors. The walls were covered with wood and gold leaf panels with a custom pattern. The billiard table was specially produced for the interior with the color choices of the architect. Seating units were selected from the Tom Dixon collection of gentlemen's comfort. Vase-shaped lamps on the columns and the chandelier were made of gold metal and plexy.

The influence of different art movements can be seen in the entire design of the restaurant. The modernist spirit of Art Deco is captured in both the furnishings and the color choices. Plexiglas curtains, on the other hand, reflect the modern perspective of our era. As a result, the restaurant encompasses a variety of styles and periods which is brought together through the use of texture, color, shape and finish. In the VIP dining area, the Azerbaijani stars fill the entire space and present the national culture to the guests with a visual feast while they enjoy a delightful dinner. The glamorous chandelier of stars hanging over the onyx marble table makes for a surreal experience.

长廊大堂中的迷人吊灯是酒店的主要亮点，闪耀的美景将客人深深打动。该吊灯18米高、60米长、直径5米、重达2吨，由金色与银色金属条精心制作而成，营造出璀璨的气氛。大堂主路径的其他组合吊灯以同样的设计概念，定位、照亮空间。而天花板则被设计师定制成银色和金色，以便丰富这种氛围。精心设计的陈旧镜面板迎接客人的到来，并且将光线由室外引进室内。

男休息室和台球室以和谐的色调设计。墙壁以木板及定制的黄金叶图形板覆盖。台球桌是为搭配室内而专门制作，由设计师选择颜色。而座椅都是从汤姆·迪克森绅士舒适系列中挑选。柱子上的花瓶形灯具和吊灯由黄金金属条制作而成。

餐厅的整个设计中可窥见不同艺术运动的影响。艺术装饰的现代主义精神通过家具摆设和颜色选择得以把握。另一方面，有机玻璃窗帘反映了这个时代的审美观念。因此，餐厅囊括了各种风格，以及通过质地、颜色、形状和饰面的使用而汇集的周期。而在贵宾用餐区，阿塞拜疆星星布满了整个空间，将其民族文化展现在客人面前，让客人在享用美食的同时欣赏一场视觉盛宴。精美、迷人的星星吊灯悬挂在玛瑙大理石餐桌上方，带给人一种超现实的体验。

ELEMENT COLLOCATING
元素搭配

本案整个空间就是一场极为华丽、炫彩的视觉飨宴，每一个角落都极为闪亮、耀眼。空前的时尚感以一种浓墨重彩的方式得以演绎。设计师融合了多重元素，借由造型及色彩各异的家具、华丽贵气的灯饰、丰富的布艺、现代的工艺品、超级璀璨的墙面和天花板装饰等来打造一个引领时尚潮流的现代空间，无可比拟、丰厚的美学元素，在这里拉开盛大的星光序幕，艺术装饰的现代主义精神贯穿于一场“名流佳丽”群集的视觉空间中。

家具配置 FURNITURE CONFIGURATION

本案的家具配置造型各异，无论是色彩的选择、线条的处理还是材质的利用，都凸显了设计的巧思。所有家具无一不以其精致的外观呈现，以其“小而美”更凸显其时尚、前卫的姿容，同时与大的空间形成鲜明的对比，小则更为精致，大则更为恢弘，相得益彰。家具的线条多以温婉、柔和为主，时尚却不冷冽。而家具的色彩丰富绚丽，构成了空间的主要色彩搭配，紫色的梦幻及时尚、红色的热情、宝蓝的高贵共同演绎出一场前所未有的时尚典礼。材质上，凸显上乘质地，仅是视觉的碰触，就能领悟到其精良的做工及优厚的价值。

装饰艺术品 DECORATIVE ARTWORK

空间中“枫叶”式样的装饰品随处可见，无论是天花板、墙面、台柱的装饰还是灯具的选择上都可以看到“枫叶”的运用，同时以金黄色的贵气及自然的形态呈现出视觉的美感。整个酒店的装饰品多倾向于选择闪亮的材质，使得空间中美好的事物之间交相辉映，同时带来丰富的光影效果。也正是这种闪亮，使得各种色彩间出现出交互、混合的梦幻美感，如同一幅幅巨大的抽象油画，让人在感受美的同时，也不禁多了一些奇思异想；正是这种闪亮，使得空间成为一个流动的时尚舞台，将美搬上绚烂的银幕。

Imperial Fashion
帝国风采，奢尚潮流

项目名称：安塔利亚阳光奢华酒店
设计面积：80000 m²
项目地点：土耳其
设计公司：Eren Yorulmazer Interiors & Architecture
设 计 师：Eren Yorulmazer
摄 影 师：ALİ BEKMAN

Opened in 2008, Attaleia Shine Luxury Hotel is surrounded by a beautiful natural landscape on an 80,000 m² site in Antalya/Belek. This extravagantly designed hotel has 178 standard, 53 deluxe and 60 exclusive rooms, as well as 3 king suites.

On each floor the architect worked with different colors: bordeaux, purple, turquoise, green, ecru and black. Inspired by the concept of a palace, the architect created a luxurious hotel for resort guests. An eye-catcher in this hotel is the ventilation ducts covered with bordeaux velvet that run throughout the entire hotel. The Hotel has 1 Main restaurant, 1 Cave restaurant, 1 carte Gourmet restaurant and 6 additional restaurants serving various cuisines. Each one was specially designed and has its own color concept: red, green, turquoise and blue.

The Mediterranean lightness is reflected by the spacious and bright surfaces in the lobby, which has an area of 3,800 square meters. With Afyon marble laid in a herringbone pattern in the lobby, which is in dark grey and white shades, classicism is combined with contemporary lines. The walls and ceiling were kept in anthracite concrete texture. The paintings were chosen from the Galeri Troubetzkoy in Paris and the lighting, which lends an elegant ambience, are the models from Charles. The decorative/ornamental elements in Empire Style enrich the hotel and add an exclusive and luxurious atmosphere.

安塔利亚阳光奢华酒店于2008年开张，处于安塔利亚・贝莱克面积为80000平方米优美的自然景观中。该酒店设计豪华，共有178间标准间、53间豪华间、60间贵宾包间以及3间豪华套间。

设计师在一层运用了各种不同的颜色，有枣红色、紫色、蓝绿色、绿色、淡褐色和黑色。酒店设计理念受宫殿启发，设计师力求打造一个服务度假客人的豪华酒店。酒店中引人注目的是覆盖着枣红色天鹅绒的通风管道，贯穿整个酒店。一个主餐厅、一个窟餐厅、一家高档菜美食餐厅和六间附加餐厅。每个餐厅都是专门设计的且各有自己的主打颜色：红色、绿色、蓝绿色、蓝色。

大堂中宽敞、明亮的表面体现出地中海的优美，大堂面积为3800平方米。金丝黄大理石以鱼脊形图案铺满了大堂，呈现出一种深灰色和白色色调，而古典主义与当代线条结合。墙壁和天花板是无烟煤混凝土肌理。画作都是选自巴黎特鲁别茨柯依图库，而灯饰模型则都来自查尔斯，这些灯饰营造出优雅的氛围。帝国风格的搭配与装饰元素丰富了酒店且营造出了独特、奢华的氛围。

ELEMENT COLLOCATING
元素搭配

重现地中海风格需要保持简单的意念，捕捉光线，取材大自然，大胆而自由地运用色彩、样式。其中，色彩元素的纯美组合，取自于地中海周边自然景观所呈现的天然美感，是地中海风格最为吸引人的地方。在家具的搭配上，兼具材质、色彩、造型的考虑，大多以精致的量感来凸显细腻的美，同时对比凸显出空间的通透与开阔。线条上，呈现浑圆的修边，材质多以柔软的质地赋予其功能的舒适性。另外，华丽的灯饰元素是空间装饰的一大亮点，以其形态各异的造型美感、灯光效果营造出不同的空间氛围。

灯具的选择与灯光效果

CHOICE OF LAMP & LIGHTING EFFECT

形态各异的灯具兼功能性与装饰性于一体，被设计师大量运用到空间中。所选灯具在造型、材质上融合古典与现代元素，设计颇具巧思，以组合形式的大型灯具多见，营造出一种恢弘的灯光气势。灯具的不同材质相互碰撞，铁艺的硬朗与冷冽，水晶的时尚与晶莹，布面与流苏的柔软融合出特殊的韵味，引人注目。另外，不同类型的灯具也被安置于不同区域，与环境和谐存在，营造出各自的主题氛围。

家具配置 FURNITURE CONFIGURATION

在本案空间中，既有古典美感的家具，又有现代的家具，以后者为主。家具大多以简约而柔和的线条勾勒，具有优雅的身姿，在材质上，呈现出柔软的质地，仅是视觉的审视，就能给人一种精致的美感。家具的色彩搭配有红色、蓝色、土黄色、紫色等，这些色彩间的融合生动地将地中海鲜明的自然地域特色重现，让人在室内感受到一股自然、清新的气息，所到之处，是一个个流动自然的风景，给予人们丰富的视觉体验。

Gorgeous Figure
极尽渲染，营造华丽姿容

项目名称：圣地亚哥W酒店
设计面积：770 m²
项目地点：美国加利福尼亚
设计公司：Mr. Important Design
设 计 师：Charles Doell, Miriam Marchevsky
摄 影 师：Jeff Dow

7.6 meters tall gold mirrored obelisks lean this way and that, reflecting the graphic interior at angles that seem disconcerting and beautiful at the same time. Small tables containing nothing more than masses of flicker flame bulbs somehow feel like true fire pits as you pull a chair up to one. Massive bursts of driftwood combine with brass rod to form the signature chandeliers. Tables are stacked one on top another to form communal areas for work or for cocktail dreaming. It's all a bit of fantasy, flotsam and jetsam of the beach mixed with a heaping helping of California golden glam.

It's a bit like how you feel after a big wave tumbles you under and you come up all dizzy...the burst of the setting sun, the colors of the water and the sunset intensified by your off kilter state. Walking into the W San Diego you are greeted with a graphic interior that pulls you toward a far bar with dj perched overhead. "Home Sweet Home" beckons you toward the ignition point of the graphic vortex.

A short walk away the restaurant "Kelvin" spins another sunset scenario with smoke from bonfires wafting up the orange candy glass walls. The piercing blue of the ocean finds a spot at the bar and provides a contrasting color punch in this marmalade interior. Smoke mixes with an ocean jetty in the artwork at one wall. The opposite wall, a concrete "retaining wall" opens up to the Great Room for large parties. The final and definitive statement of this most bonfire inspired of interiors takes place on the Rooftop. Literally, a stack of aluminum Emeco chairs is set ablaze every night and the tangle of tugboat rope found abandoned on the beach becomes a sparkling chandelier for the rooftop coastal bar. And another perfect Southern California sunset passes into night.

7.6米英尺高的的黄金镜像方尖塔以这种方式倾斜，呈现出了室内空间强烈的角度感，虽看起来令人不安但同时又十分美观。小桌上是许许多多闪烁火焰的灯泡，就像真实的火坑，仿佛一拉椅子就会掉入其中。一阵阵浮木与黄铜棒组合，形成一个个信号吊灯。小桌子相互堆叠形成公共区域，用于工作或鸡尾酒会。海滩的梦幻、杂七杂八与加州的金色华丽相互融合。

在W酒店中，就像经历一次大浪翻滚后，会出现眩晕的感觉……落日的出现、水的颜色和夕阳的颜色因一种失衡状态而变得更加明显。走进圣地亚哥W酒店，仿佛一个如绘画一般绚丽的室内将客人包围并迎接客人的到来，头顶的DJ将人拉进一个久远的酒吧，“甜蜜之家”让人倍感温馨。

餐厅“Kelvin”在几步之外，篝火烟雾飘出橙色糖果般的玻璃幕墙，旋转出另一幅日落场景。酒吧中，海洋的迷人蓝色在橘酱色的室内中提供了对比色。烟雾与艺术画中的海洋码头融为一体，出现在同一面墙上。而对面的墙壁，即混泥土“拥壁”，面向派对大屋。受室内启发，大多数篝火最终的都呈现在屋顶上。一叠叠铝制EMECO椅每夜都发出光亮，而海滩上丢弃的纤绳成为屋顶沿海酒吧的闪耀吊灯，另一个完美的南加州日落便渐渐地进入黑夜。

ELEMENT COLLOCATING
元素搭配

本案在城市最时尚和领导潮流的区域重新诠释了风格和优雅的含义，将都市创新理念与鹅卵石街道和眩目的高楼大厦完美融合。设计师的设计理念是：被海浪打倒的你，爬起来后看到的一抹斜阳，湛蓝的海水以及慢慢降临的夜幕，可能都会因你站立不稳而使你更加头晕目眩。进入酒店，如画般的室内装饰会首先将顾客的视线吸引至稍远处的一个酒吧，DJ则在高处播放着动感的音乐。中餐厅或跳跃的橙色或优雅的咖啡色，以把各种颜色协调地融为一体，整体看似零乱，实则绚丽夺目。

灯具的选择与灯光效果 CHOICE OF LAMP & LIGHTING EFFECT

室内绚丽的装饰同样也表现在灯饰与灯光上，配合不同空间中不同的色调选取了不同的灯饰。酒吧浓艳的环境下，选用杂草乱扎形状的吊灯，灯光特有的灵性和个性的造型，极具酒吧特有的韵味。橙色和咖啡色营造的不同氛围的餐厅中，选用相同的白炽灯树枝造型吊灯，艺术装饰感很强，照明富有立体感，整体氛围是温馨而富有情调的。

色彩搭配 COLOR MATCHING

酒店内的装饰设计炫彩夺目，绚而不乱。色彩厚重的酒吧非常吸引眼球，酒吧中那绘画一般绚丽的色彩将人迷醉，金色玻璃方尖碑的装饰新颖、独特，在橘黄色的室内空间中，与一排海洋蓝色调的软包形成了鲜明的对比，具有强烈的视觉冲击力。糖果般幕墙的橙色餐厅，活泼、动感，适合年轻或者不想花过多时间在用餐上的人群。而另一端的餐厅则是另外一番景象，咖啡色的窗帘和餐椅营造出一个优雅的餐厅，适合在此小聚或享受一番。

HOME
SWEET
HOME

Master Chinese Elements and Highlight Beautiful Appearance
玩转中式元素，彰显俏皮新貌

项目名称：特朗普国际酒店
项目地点：加拿大多伦多
设计公司：II BY IV
摄 影 师：David Whittaker

The new tower's luxurious interiors display superior attention to detail and exquisite materials and finishes, all in a superbly balanced blend of classic and contemporary elements in a clever champagne and caviar based palette. Custom crystal-studded wall appliqués, antique mirror ceiling panels, soft bronze metalwork, Macassar ebony millwork, parquet- and carpet-like marble and granite flooring, Portofino marble arches, onyx-clad and lacquered walls variously enhance the hotel and residential lobbies; conveying drama and subtle elegance.

In the restaurant, a seductive screen of French lace between panes of smoky glass welcomes diners. August leather sofas in deep ebony, damask-backed bergère chairs and impeccably detailed millwork create a residential feel. Ashen black granite bar and table tops are richly veined and moderate the glimmer from the ceiling height, temperature-controlled, wine armoires with independently lit niches, reminiscent of the night city views of the towers surrounding the restaurant.

Suits lobby bar is an intimate but very active space. Reflecting elements from the main lobby, the patterned granite flooring links the two areas and macassar ebony panelling stretches the length of the bar topped with a Galaxy granite counter. Furniture pieces are predominantly black and grey other than 4 striking gold chairs, which are always the first seats taken. All the furnishings are custom and include a long communal table, diamond tufted deep leather banquettes, a chandelier mimicking sculpture of crystals hung in multiple levels and sizes, and antiqued mirror clad consoles and acid-etched grey mirror topped tables.

本案豪华的室内装饰非常注重细节、精致的材料和饰面，这些在一个香槟和鱼子酱调色板中以一种完美的平衡融合了古典和现代元素。定制的镶满水晶的墙壁贴花、古董镜子天花板、软青铜金属制品、黑檀木制品、拼花或地毯式样大理石及花岗岩地板、斐诺大理石拱门、玛瑙覆盖的上漆墙壁等都在不同程度上提升了酒店及住宅大厅的艺术品位，彰显出戏剧性艺术和含蓄的优雅。

餐厅里，位于烟熏色玻璃窗格之中的法式风格花边的屏风，迎接用餐者的光临。深乌木色的奥格斯格皮革沙发、锦缎背扶手椅和无可挑剔的精致木制品给人一种居家的感觉。灰黑色花岗岩酒台桌面，纹理丰富，并能使从天花板处落下的微光趋于缓和，温度控制的大酒窖有着单独点亮的壁龛，让人想起从酒店附近的观光塔上所看到的夜间城市景观。

套间的大厅酒吧是一个私密但非常活跃的空间。为了反映出对主大厅元素的沿用，运用具有图案的花岗岩地板连接这两个区域，孟加溪乌木镶板延伸了花岗岩吧台的长度。除了四张醒目的经常有人坐的金色椅子，其他家具均以黑色和灰色为主色调。所有的室内陈设都是定制件，包括一个长形公共桌、钻石簇绒深色皮革长凳、大小不一的雕塑般的水晶吊灯、古董镜和酸浸蚀镜面桌。

ELEMENT COLLOCATING
元素搭配

新古典风格的酒店设计，包含了现代和古典的元素，使之能够有机的结合，产生了一种新的效果。总体的色彩以黑调为主，形成一种含蓄的优雅，局部金色的装饰带来奢华感，而与白色的融合，经典而时尚。通过布置陈设品，绿化花卉来点缀和补充对色彩缺乏的不足。整个空间流畅、简练，显得洁净而富有生气。室内的纵向装饰以线条为主，桌腿、椅背等处采用轻柔、幽雅并带有古典风格的花式纹路、豪华的大理石材、镶满水晶的墙壁贴花、现代纯色的窗帘和格调高雅的挂画及艺术造型水晶灯等装饰物，完美地彰显出室内空间的风格和气质。酒店的软装设计独特、精致、漂亮，历史和时尚在这里产生碰撞，古典而考究，具有纪念意义。在视觉上，这座新酒店在束缚与放纵之间达到了巧妙的平衡。

灯具的选择与灯光效果

CHOICE OF LAMP & LIGHTING EFFECT

古典而具有现代气息的水晶吊灯是装饰中的首选，搭配射灯，层次分明。餐厅采用直接照明和间接照明相结合，天花射灯为主要照明，选用具有很好装饰作用的水晶吊灯作为辅助照明，以暗藏式灯带作为补充照明，以保证餐厅装饰体系上的一致，营造迷人的情调。 餐厅的灯光设计以暖色调为主，局部配上暖色的灯光，以刺激食欲，提高人们的兴致，再搭配水晶吊灯、皮质椅子、洁白的桌布，在热烈中平添了几许恬静。而豪华的水晶吊灯将休闲室营造得熠熠生辉。水晶壁灯和台灯散发出的柔和的光线使室内弥漫着一种温馨。

家具配置 FURNITURE CONFIGURATION

设计师对本案的家具配置秉承了现代和古典融合的原则。餐厅深色的皮革沙发、锦缎背扶手椅和无可挑剔的精致木制品给人一种居家的感觉。套间的大厅酒吧除了4张醒目的金色椅子，其他家具均以黑色和灰色为主色调。所有椅子都是定制的，现代感的材质，用古典风格的花式纹路结合铆钉装饰，古典与时尚并存。传统黑色木质桌子、柜台和玻璃材质家具共同交融在这个空间里，迸发出优雅的火花。

RECEPTION

Combination of Fashion and Tradition
融贯时尚与传统，共享海上明月

项目名称：米拉月亮酒店
设计面积：6332 m^2
项目地点：中国香港
设计公司：Wanders & Yoo
室内设计师：Marcel Wanders
建 筑 师：AB CONCEPT, Dennis Lau & Ng Chun Man Architects & Engineers (HK) Ltd

Mira Moon, conceived under the creative direction of Wanders & Yoo, is the latest boutique design hotel within the Mira brand portfolio located in the heart of metropolitan Wanchai. A unique 91-room hotel and member property of Design Hotels™, presents a playful reinterpretation of Chinese tradition in contemporary Hong Kong. Modern tech-friendly features, including 32-46" HD IPTV, iPad mini and free Wi-Fi, provide a creative environment and bring about a relaxing atmosphere with highly personalised details enhanced with complimentary minibar.

Mira Moon boasts three room types and a charming penthouse suite perfect for entertaining, a 24h gym and innovative bar and restaurant. A stroll away from the MTR, Star Ferry and Hong Kong Convention and Exhibition Centre, Mira Moon opens the door to a vibrant cosmos of art galleries, hip cafés, and local designer boutiques.

The style conscious and exclusivity-seeking crowd that crave a unique experience gravitate to Mira Moon where design is in everything. Decoration, custom-made staff dress collection by Grace Choi and service all adopt a fashionable language with uncompromising focus on quality, whilst creating a sense of drama and fantasy.

米拉月亮酒店在Wanders & Yoo设计公司的创意指导下成为米拉品牌系列的最新精品酒店，位于湾仔市中心。酒店设有91间特色房，是Design Hotels™品牌下的会员，在当今香港呈现出中国传统的俏皮新面貌。现代科技友好型设施包括32-46英寸高清IPTV、迷你iPad和免费无线网络连接，提供了一个创新型的环境，带来了轻松的气氛和高度个性化的细节，也提升了免费迷你吧。

米拉月亮酒店拥有三款房型，一个迷人的复式套房用于娱乐活动，还有一间24小时开放的健身房和创新型酒吧及餐厅。米拉月亮酒店靠近地铁、天星码头和香港展览中心，附近有艺术画廊展、时尚咖啡厅以及当地设计师精品屋。

这个具有风格意识并且寻找独特性的群体，渴望在这个具有各种设计感的米拉月亮酒店享受一次独特的体验。Grace Choi设计定制的员工服收藏品和服务，采用的是一种时尚的语言，注重质感的同时创造出戏剧感和梦幻感。

ELEMENT COLLOCATING
元素搭配

或许你很难想象这是一个运用中国传统元素设计的空间，因为它所呈现的时尚与新颖感突破了人们对于传统印象的设定。设计师在空间中融入了各种中式纹样、花卉图案，采用灵活多变的方式展现在每一处空间中，同时“中国红”的色彩元素也被大胆运用，不与其他色彩混合，而是鲜明地突出，将中国传统文化中的吉祥与喜庆感赋予空间，实则是以其鲜明性渲染出强烈的时尚感。空间中，部分家具也融合了中式元素，但在线条上极为简化，并以全新的材质呈现出现代感。设计师在本案中多种中式元素信手拈来，运用得游刃有余，传统的古朴风貌穿越时间的长廊，在此展露出新鲜的俏皮样儿。

色彩搭配 COLOR MATCHING

本案的色彩搭配为一大亮点，每个区域虽有不同的搭配方式，按照色彩比例分布，呈现出不同的面貌。但是实际上却是一脉相承，形成整体融合的空间。设计师运用黑色的沉稳、经典，白色的冷冽、时尚，红色的鲜明、火热，以及地毯花色的明丽、丰富将中式元素以现代手法演绎，融合出的是一个极为绚烂的世界，而非古旧的空间。这里的色彩借由新材质而更凸显一种超级前卫的潮流，更加明丽、耀眼，因而也更为强烈地营造出设计想要传达的空间氛围与质感。尽管是对中式传统元素的借用，却给人们一种全新的视觉体验，刺激人们的感官，现代的表现手法在此运用得极为高超。

装饰艺术品 DECORATIVE ARTWORK

中式纹样及花卉图案在本案的运用是最主要的装饰手法，而“装饰于无形”是设计师颇为高明的地方。大量的中式花格、纹样被运用到木质的壁面当中，成为空间构造的一部分，起到隔断空间的作用，但其更多的是具有强烈的装饰效果。而花卉图案的装饰性效果也随处可见，无论是作为木质壁面的镂空雕花，还是地面的大幅度装饰抑或卧室空间的点缀，都有其栩栩如生的样貌，起到美化环境的作用。当然，具有中式纹样的花色地毯，更是在每个空间区域中都发挥着装饰的效果，丰富了视觉美感。

Bath in Fantastic Castle
毋庸置疑的豪华，畅游梦幻中的城堡

项目名称：阿布扎比柏悦酒店
设计面积：484 400 m²
项目地点：阿联酋阿布扎比
设计公司：Wilson Associates
设 计 师：Cedric Jaccard, Soong in Hui, Akib Abd Razak, Dean Sharpe, Matt Osorio, Antonette Pineda, Teresa Evangelista, Kim Oh Ra
摄 影 师：Chris Cypert

Located on the prestigious natural island of Saadiyat, along a 8,000-meter mile stretch of environmentally protected white sandy beach, this stylish contemporary resort offers spectacular unobstructed views of the waterfront and Saadiyat Beach Golf Club. Given the palatial size of the hotel, the design team was challenged to create a more intimate, residential environment that still adhered to the highest standard of luxury. Furthermore, the design team did not have an art budget, so every aspect of the design had to be both functional and aesthetically engaging.

Upon arrival, the guest is greeted by an expansive entry hall that leads directly to the oceanfront. At the end of the hallway, guests will see an oversized sculpture mounted to the ceiling. This structure is composed of more than 3,000 bronze tubs that together look like an inverted sand dune. At night, a spotlight cascades over the sculpture, which makes it come to life! All of the sudden the dune's shape starts to shift as if the wind was blowing it into a new organic formation. There is a residential-like sitting area under the sand dune, which gives guests a straight-shot view of the beach and ocean. This area is referred to as a "floating island," since it drops one story on both sides, with staircases leading to the lower level. Park Hyatt Abu Dhabi offers all of the amenities and seclusion of an island oasis, with the exciting attractions of the capital city only moments away.

本案位于萨迪亚特知名的天然萨迪亚特岛上，沿着约8000米长的环保型白色沙滩，壮观的海滨和萨迪亚特海滩高尔夫俱乐部景色一览无余。考虑到这是一个宫殿般的酒店，设计团队面临的挑战是创造一个更亲密、居家的环境，同时又遵循最高水准的豪华。此外，设计团队并没有艺术方面的预算，因而各个方面的设计都必须既实用又美观耐看。

客人抵达后，映入眼帘的是一个广阔的入口大厅，可直接通往海滨。门厅尽头，可以看到一个超大的安装在天花板上的雕塑。这种结构由3000余青铜浴缸组成，整体看起来如同一个倒置的沙丘。到了晚上，雕塑上方的聚光灯使雕塑活灵活现。突然，沙丘的形状开始改变，仿佛是一阵风将它吹成了一种新的有机形式。一个住宅式的休息区位于沙丘下方，让客人能直观地欣赏海滩、海洋景观。由于两边都下降一层，这个区域被称为“浮岛”，这儿设有楼梯可直接到达较低层楼。酒店提供的所有设施和独立的岛屿绿洲，与省会城市精彩的景点仅几步之遥。

ELEMENT COLLOCATING
元素搭配

毋庸置疑的豪华，这就是阿布扎比柏悦酒店。酒店位于天然的萨迪亚特岛，拥有得天独厚的自然条件，设计的主旨在于营造海边轻松、家居生活体验的同时获得奢华、高品质的空间享受。红、黑、白经典的色彩就是这个空间的主色调，设计师利用经典色彩的合理搭配来营造酒店典雅的氛围。造型各异精致的灯饰、质地高档舒适的布艺、线条时尚简约的家具，还有刻意烘托氛围的灯光效果等作为空间的总体搭配元素，从颜色、创意和质感上让酒店呈现出高水准的美，让宾客到此成为一种享受，整个身心沉浸在放松、舒适的氛围中。

灯具的选择与灯光效果 CHOICE OF LAMP & LIGHTING EFFECT

阿布扎比柏悦酒店中，令人印象深刻的除了大厅超大的安装在天花板上的铜质造型外，还有标志性的黑色圆弧状铁艺吊灯，它有大、有小、有长、有扁，分布在餐厅上空，冰冷的外罩里散发出的是暖暖的橙黄光线，比对强烈，极具时尚造型和艺术美感，提升了酒店的艺术品位 。此外，酒店还采用了代表奢华的水晶吊灯。灯光对氛围的营造非常重要，设计师利用鲜艳的红色和黄色为酒店中的不同区域营造出或明快或雅致的韵味，提升了整体空间的气质。

Elegant Palace Surrounded by Breeze
雅致悠远，和风习习

项目名称：凯撒皇宫Nobu酒店
项目地点：美国内华达州
设计公司： Rockwell Group

Nobu Hotel Caesars Palace offers 18 suites ideal for guests seeking luxurious accommodations or an ideal setting to host an unforgettable special event. A hospitality menu will be available upon request with an array of options to cater any event in Nobu fashion.

In Nobu's first hotel project, leading the way as the first celebrity-chef branded hotel venture, David Rockwell, Shawn Sullivan and Rockwell Group led the overall interior design for the hotel, including all rooms, suites and common areas, as well as the adjoining restaurant and lounge. Incorporating their passion and decades-long history with the Nobu brand, Rockwell Group created stylish interiors showcasing natural materials fused with Nobu's signature Japanese elegance, designed to convey an extension of the fun and energetic Nobu lifestyle.

Raw, natural materials in neutral tones are juxtaposed with hints of terracotta orange and purple, and unexpected bold graphics representing traditional and contemporary Japanese forms. Complementing the design's organic and Japanese elements, furniture reflects the influence of George Nakashima and natural forms. Lantern-like standing lamps, glass chandeliers, and custom pendant lamps with silk shades provide luminous accents. All rooms have Japanese artwork incorporating traditional prints and expressionist graffiti-like forms selected by Chef Nobu.

凯撒皇宫Nobu酒店设有18间套房，为客人提供了奢华的住宿条件，同时这里也有着举办特殊活动的理想场地。这里的菜单可根据客人要求提供各色选择以满足在Nobu时尚的各种活动。

在Nobu的第一个酒店项目中，作为引导第一名厨品牌的酒店企业，David Rockwell、Shawn Sullivan和Rockwell Group指导了酒店的整体室内设计，囊括了所有的客房、套房、公共区域以及毗邻的餐厅和休息室的设计。Rockwell Group将他们的激情和长达数十年的设计经验与Nobu品牌结合，打造了时尚的室内空间，展示了自然材质与Nobu标志性的日式优雅的融合，彰显出Nobu充满趣味与活力的生活方式在空间上的延伸。

中性色调的原始天然材料、赤土橙色和紫色的背景与作为传统和当代日式符号的极富创意性的图形共同展现，构成了设计有机性与日式元素的补充，家具折射出中岛乔治与自然形式的影响力。灯笼式落地灯、玻璃吊灯和定制的丝绸色调吊灯闪闪发光。所有客房都搭配了日式艺术品，与Nobu大厨挑选的传统版画和表现主义风格的涂鸦形式融会贯通。

ELEMENT COLLOCATING
元素搭配

设计师在这里用自然材质与Nobu酒店日式优雅的完美结合，对传统奢华品牌酒店形成强大的挑战。酒店整体为天然材质的棕色调，搭配橙色与紫色为背景，尽显典雅。极具创意的日式图形，以及新式设计的日式灯具与家具，为空间定下了风格基调。酒店拥有全球最大的Nobu餐厅，在日式的迴转寿司餐厅里，设有传统寿司转台，利用草绳编织的半圆弧行卡座设计非常独特，洋溢着自然的气息，餐厅沙发的红色、壁灯的红色与吊灯的黄色相映成趣，折射出活力与奢华。客房受到亚洲风格的影响，采用了简洁、明快的色调，均配有精心挑选的日式工艺品。

灯具的选择与灯光效果 CHOICE OF LAMP & LIGHTING EFFECT

整体灯光的设计效果是明快的，以凸显现代的奢华感。客房里选用了灯笼形状的灯具，有床头摆放的台灯式的、落地式的、摆台式的，柔和的灯光给宾客带来放松，设计形态的丰富，营造出独特、雅致的氛围。玻璃吊灯和定制的丝绸色调吊灯在大厅、前台闪闪发光，奢华而迷人。寿司餐厅的灯光设计，设计师匠心独具，墙壁的雕花里暗藏着灯光，与红色的沙发印花相呼应，焕发出令人陶醉的美，同时天花板橙黄光芒的丝质桶灯，丰富了空间色彩和层次，而黄色易于客人增强食欲。

装饰艺术品 DECORATIVE ARTWORK

客房内日式灵感的装饰枕头和镶树皮的咖啡桌，墙上覆盖的麻布质地墙纸，以褐色和棕色调编织的地毯和代表着禅意的沙石，都在彰显着酒店的当代日式风格。每个房间的装饰都是设计师本人挑选的代表传统印刷和表现主义风格的艺术作品，例如，日式传统木板画。

TRUMP

CAESARS
PALACE
SHANIA

nobu cookbook
nobu WEST

Graceful Shanghai – Interpret Luxury Feeling
曼妙大上海，演绎奢华风

项目名称：浦东四季酒店
项目地点：上海浦东
设计公司：Wilson Associates
设 计 师：Jord Figee, Jason Tan, Winson Yong, Kurnia Betty Chew, Ika Mustika Phoa, Antonette Pineda, Wendy Kho, Valerie Soon, Ferdinand Balatbat, Marilyn Santos
摄 影 师：Chris Cypert

Charged with power, high energy and confidence, Shanghai's Pudong area is where commerce and style meet in a constantly changing, extraordinarily exciting city. Located east of the Huangpu River, Four Seasons Hotel Pudong forms part of the new 55-story Century Tower in district's Lujiazui business hub. The rich color palette of Shanghai red, black and grey plays across smoked glass, Makassar ebony wood, stingray leather, mirror finishes and exceptionally high grade marble, with floor to ceiling windows allowing both the views and natural light to take form. Overall, the design challenge to match the cultural level of Shanghai, while capturing the city's DNA component was achieved in a smart, sexy and stylish manner. At the Four Seasons Pudong, luxury is introduced and re-invented as a glamorous new enclave in the heart of Shanghai's business district.

充满力量、高能量及信心，上海浦东是一个格外令人兴奋的城区，这里的电子商务和风格更新换代非常之快。黄浦江畔东面，浦东四季酒店成为55层陆家嘴商业枢纽新世纪大厦的一部分。透过烟色玻璃、望加锡黑檀木、黄貂鱼皮革、镜面饰面和特级大理石落地窗，可将上海秀美的自然景观一览无余。总体而言，这既与上海的文化水平相匹配又以一种巧妙、性感和时尚的方式掌控了城市的DNA组件，这也是酒店设计的一大挑战。本案在引入奢华的同时又在上海中心商业区重新塑造了美丽、迷人的新据地。

ELEMENT COLLOCATING
元素搭配

本案坐落于上海极具影响力的金融贸易区陆家嘴的核心地段，拥有绝佳视野，充满时代气息，在多姿多彩的繁华都会中散发着慑人魅力。极富现代感的内饰是由国际顶级设计公司Wilson Associates以20世纪二三十年代装饰派艺术盛行时期，即上海国际贸易与文化蓬勃的黄金年代为灵感而设计完成。在基调的处理上，设计师采用了颇具本土气质的胭脂红，亮丽的丝绸黑及富有肌理效果的灰色为铺垫，以烟熏玻璃和金属元素与之反衬，呈现出既传统又奢华的上海气质，演绎着大上海的奢华主义。客房和套房采用了线条清晰而又奢华的色彩和纹理，这一灵感来自装饰艺术风格。精密性建筑窗中梃采用了电动控制的遮光帘，第二层的对称滑动板里面置入了丝绸，光线透过透明的丝绸洒进房间，同时优化了一览浦东景致的视野。

家具配置 FURNITURE CONFIGURATION

这是一个现代奢华又兼具传统的酒店，整体选用了现代风格的家具。酒店沙发以布艺的材质为主，色彩比较清雅、线条简洁，用来凸显酒店的舒适与休闲，部分采用实木框架，流露出中式传统气息。主厅茶几案台是深色的实木材质，桌角的弧形交叉设计，于端庄中融入了艺术之时尚美。主打布艺材质的客房家具，柔软、舒适的质地，简洁、时尚的造型，为宾客带来家一般的温馨。

灯具的选择与灯光效果 CHOICE OF LAMP & LIGHTING EFFECT

步入大堂，首先映入眼帘的是由1000条由金属薄片编织而成的巨型吊灯，好像叶片的形态使原本笨重的材质显得格外轻盈，伴随一天中不同时段的日照，金属材质亦闪耀出不同亮度的光泽，十分悦目，造型感十足，成为酒店大堂一道灿烂的风景线。酒店大堂采用节能筒灯给予基本的功能照明，另外还采用间接照明的手法，通过照亮天花板的结构，丰富区域的空间层次感，给宾客留下美好的第一印象。主厅采用格栅筒灯作为重点照明，通过暗藏灯、壁灯凸显星级酒店的装饰品。休息区中的灯光注意与周围环境相符，有层次，注重装饰风格与灯光的完美融合，墙面空间层次，落地灯作为装饰照明，彰显酒店品位。客房是酒店的核心区域，应该像家一样亲切，利用照明营造温馨和轻松，并以相对较低的照度，来尽显宁静、安逸；床头阅读照明采用壁灯或台灯，配备可调光源。多功能厅的灯光设计与装修风格和档次息息相关，在灯具选择上多以可调角度、大功率的灯具与光源为主。